第二届全国青年运动会（太原）
气象灾害风险评估

赵彩萍　苗爱梅　赵桂香　周晋红　著

内容简介

本书介绍了2019年第二届全国青年运动会期间(8月)太原地区气象灾害风险源调查,7个单项气象灾害(暴雨、短时强降水、雷暴、冰雹、高温、大风、大雾)风险分析、风险区划和各个比赛场馆的气象灾害风险评估,气象灾害综合评估,太原地区气象灾害风险承受能力与控制能力分析,并提出了针对性的风险控制措施和工作建议。本书研究内容得到了太原市政府专项支持,为太原市委、市政府及"二青会"执委会对"二青会"期间可能发生的气象灾害进行综合风险管理、制定相关的突发事件应急预案,特别是制定开幕式和闭幕式等室外大型活动以及重要室外比赛的气象灾害应急预案提供了科学依据。同时,也可为今后太原城市防灾减灾应急管理,特别是重大社会活动的气象灾害风险防范、综合应急保障提供参考依据。

图书在版编目(CIP)数据

第二届全国青年运动会(太原)气象灾害风险评估 / 赵彩萍等著. — 北京 :气象出版社,2019.9

ISBN 978-7-5029-7057-4

Ⅰ.①第… Ⅱ.①赵… Ⅲ.①青年-全国运动会-气象灾害-风险评价-调查研究-太原 Ⅳ.①P429

中国版本图书馆CIP数据核字(2019)第206950号

Dierjie Quanguo Qingnian Yundonghui(Taiyuan) Qixiang Zaihai Fengxian Pinggu

第二届全国青年运动会(太原)气象灾害风险评估

出版发行:气象出版社

地　　址:北京市海淀区中关村南大街46号　　邮政编码:100081

电　　话:010-68407112(总编室)　010-68408042(发行部)

网　　址:http://www.qxcbs.com　　E-mail:　qxcbs@cma.gov.cn

责任编辑:陈　红　　终　　审:吴晓鹏

责任校对:王丽梅　　责任技编:赵相宁

封面设计:博雅思企划

印　　刷:北京中石油彩色印刷有限责任公司

开　　本:787 mm×1092 mm　1/16　　印　　张:6.25

字　　数:160千字　　彩　　插:2

版　　次:2019年9月第1版　　印　　次:2019年9月第1次印刷

定　　价:35.00元

前　言

气象灾害作为主要的可能损害之源，历来是各类风险防范和管理研究的重要对象。在气候变化的大背景下，气象灾害风险评估与管理工作在重大社会活动及防灾减灾工作中的作用日益凸显。全面认识和准确评估气象灾害风险，既是重大社会活动和防灾减灾工作的基础环节，也是利用风险理念认识和管理灾害，最大限度减轻灾害损失及影响，实现社会经济可持续发展的迫切需要。

由于特殊的地理位置和气候背景，太原市是我国各种气象灾害频发的地区之一，常常造成较严重的经济损失和较大的社会危害及影响。只有"居安思危"，提前识别各种风险源，并科学评估风险源影响，才能有针对性地采取相应的处置措施，做到临危不乱，应对自如。

2019 年第二届全国青年运动会（以下简称"二青会"）期间，正值太原盛夏、主汛期，天气复杂多变，气象灾害种类多、发生频率高、突发性强，暴雨、短时强降水、雷暴、冰雹、高温等天气均可发生，对二青会各项赛事及相关活动均有可能造成不利影响。根据太原市政府关于做好二青会期间突发公共事件风险评估工作的安排，太原市气象局牵头，吸收省级业务单位专家成立了风险评估组，制定了评估工作实施方案。2019 年 6 月前，评估组完成了二青会期间气象灾害风险源调查、7 个单项气象灾害风险分析与区划及 7 个青运会场馆区风险评估、二青会期间气象灾害综合评估以及太原市气象灾害风险承受与控制能力分析等工作，形成《第二届全国青年运动会开（闭）幕式和赛期气象条件分析及风险评估建议》和《2019 年太原第二届青年运动会天气影响风险评估报告》，并通过了专家组评审，先后向二青会山西省组委会、太原执委会提交使用，为山西组委会、太原执委会、太原市委市政府等单位对二青会期间可能发生的气象灾害进行风险管理，制定相关的突发事件应急预案，特别是制定开幕式和闭幕式等大型活动期间以及重要室外比赛的气象应急预案提供了科学依据，也为今后太原市城市综合减灾应急管理，特别是为重大社会活动的综合应急保障，气象灾害风险防范奠定了坚实的科技基础。

二青会期间（太原）气象灾害风险评估工作主要包括：气象灾害风险源调查，暴雨、短时强降水、雷暴、冰雹、高温、大风、大雾灾害 7 个单项风险分析与区划，以及各个比赛场馆区风险评估、气象灾害风险综合评估、风险承受与控制能力分析、风险控制措施与工作建议等内容。整个风险评估工作得到了太原市气象局胡建军、张国勇、苏晓燕等领导和同事的指导帮助，李梦军参与了资料的处理工作，在此一并表示衷心的感谢。

气象灾害风险评估是气象部门急需开展的一项业务工作，目前还处于起步阶段，作者希望本书能给从事这项工作的业务人员一点借鉴，起到抛砖引玉作用。

由于作者的水平有限，书中难免有不妥甚至是错误的地方，敬请读者批评指正。

作者

2019 年 6 月

目录

摘　要

太原市位于黄土高原东部，山西省腹地，属暖温带大陆性季风气候，夏季雨热同季，气象灾害频发。2019 年 8 月中华人民共和国第二届全国青年运动会（以下简称“二青会”）期间，太原正值盛夏、主汛期，天气复杂多变，灾害种类多、发生频率高、突发性强，气象条件对各项赛事及相关活动影响很大。太原市对本届青运会期间突发性气象灾害的风险预测能力和灾后的应急处置工作不仅关系到二青会能否成功举办，而且还将产生广泛的社会影响。

为保障本届青运会顺利举行，有针对性地制定相关的气象灾害规避措施，做到临危不乱，应对有序，最大限度地降低气象灾害可能造成的影响，有必要提前做好各种气象灾害的分析与风险评估，为灾害防范提供科学决策依据。

1　主要风险源情况

通过对二青会期间太原市气象灾害风险源的调查和识别以及对 1979—2018 年气象观测资料的统计分析，发现二青会期间太原市主要气象灾害风险源有暴雨、短时强降水、雷暴、冰雹、高温、大风、大雾以及多种灾害性天气同时出现的可能。

2　主要气象灾害风险评估结论

在分析二青会期间太原市暴雨、短时强降水、雷暴、冰雹、高温、大风、大雾等气象灾害时空分布特征的基础上，依据气象灾害出现的可能性（频次或概率）和主要致灾因子的严重性等级评价太原市各种气象灾害出现的风险及危险性；选取适当的气象灾害风险评价指标，对太原市孕灾环境敏感性、承灾体易损性和防灾减灾能力进行全面分析与区划，构建模糊综合评价模型，获取各种气象灾害综合风险的空间分布图；以场馆所在区域评估二青会期间各场馆 7 种气象灾害风险等级，结果如下。

（1）二青会期间，太原市暴雨灾害的风险等级为很高，历史同期出现暴雨的可能性为很大，严重程度为很严重；暴雨灾害综合风险呈东高西低的分布特征。二青会暴雨灾害的风险等级为很高，一旦出现暴雨，可能出现洪涝、山体滑坡、地面塌陷等地质灾害，交通阻滞，将影响二青会前期准备工作，开幕式和一些室外赛事的举行，对运动员的竞技状态和成绩也有很大影响；对二青会场馆而言，万柏林场馆区、小店场馆区、尖草坪场馆区、迎泽场馆区暴雨灾害风险等级为很高；晋源场馆区、阳曲场馆区、清徐场馆区暴雨灾害风险等级为高；室外赛事应格外注意防范暴雨天气的影响。

(2)二青会期间，太原市短时强降水灾害的风险等级为高，历史同期短时强降水出现的可能性大，严重程度很高。太原市短时强降水灾害高风险区主要集中在太原市城区东部，万柏林和娄烦县，由于赛场集中，一旦出现短时强降水，易形成低洼路段积水，影响交通，还可能影响二青会前期准备工作以及开幕式和一些室外赛事的举行，因此，二青会短时强降水灾害的风险等级为高；小店场馆区、迎泽场馆区短时强降水灾害风险等级为很高；万柏林场馆区、尖草坪场馆区、晋源场馆区、清徐场馆区短时强降水灾害风险等级为高；阳曲场馆区短时强降水灾害风险等级为中等。

(3)二青会期间，太原市雷暴灾害的风险等级为高，历史同期雷暴灾害出现的可能性大，严重程度为很高，即，二青会期间各项活动受强雷暴灾害影响的可能性大。一旦出现雷暴，可能导致电子通信设备、供电设备、计算机网络故障，还可能造成场馆雷击事件等。太原市雷暴灾害高风险区主要集中在太原东部和娄烦，小店、万柏林、晋源、阳曲东北部雷暴灾害风险很高；因此，二青会场馆中小店场馆区、晋源场馆区、万柏林场馆区雷暴灾害风险等级为很高；阳曲场馆区、迎泽场馆区雷暴灾害风险等级为高；尖草坪场馆区、清徐场馆区雷暴灾害风险为中等。

(4)二青会期间，太原市冰雹灾害的风险等级为中等，历史同期出现冰雹灾害天气的可能性大，冰雹强度等级为三级，即，二青会期间各项活动受较严重冰雹灾害影响的可能性大，一旦出现冰雹，城市公共设施、汽车、供电系统都会成为冲击目标，影响室外人员、设施安全，还可能影响室外赛事、公益活动正常进行等。由于 8 月冰雹的高风险区主要集中在太原市的中北部，因此，万柏林场馆区、尖草坪场馆区、阳曲场馆区冰雹灾害风险等级高；清徐场馆区冰雹灾害风险等级为中等；晋源场馆区、小店场馆区、迎泽场馆区冰雹灾害风险低。

(5)二青会期间，太原市高温灾害的风险等级为中等，历史同期出现高温的可能性等级为 C 级，高温强度等级三级，即，二青会期间各项活动有可能受到较严重的高温(闷热)天气影响。相对而言，高温灾害高风险区主要集中在城六区、清徐县、古交市的中东部。综合考虑高温灾害的风险和影响后果，二青会高温灾害风险等级较高，一旦出现高温闷热天气，易导致中暑等疾病，给供电、供水等城市的运行保障造成压力，还可能影响运动员的竞技状态等。从二青会场馆所在区域看，万柏林场馆区、尖草坪场馆区、迎泽场馆区高温灾害风险高；晋源场馆区、小店场馆区、清徐场馆区、阳曲场馆区高温灾害风险中等。

(6)二青会期间，太原市大风灾害的风险等级为低，历史同期大风灾害出现的可能性为 B 级，严重性为三级，也就是说，二青会期间各项活动有时有可能受到较严重的大风天气影响。一旦出现大风，易损坏户外设施、供电线路、通信线路，还可能影响城市交通和室外活动安全，因此，二青会大风灾害风险为中等；小店场馆区大风灾害风险较高；清徐场馆区大风灾害风险中等；晋源场馆区、万柏林场馆区、尖草坪场馆区、迎泽场馆区大风灾害风险低；阳曲场馆区大风灾害风险很低。

(7)二青会期间，太原市大雾灾害的风险等级为低，历史同期大雾灾害出现的等级为 C 级，严重性等级为二级，即，二青会期间各项活动有时有可能受到大雾天气的影响，但大雾持续时间较短，09 时前基本消散，严重性一般；大雾灾害高风险区主要集中在太原南部，相对而言，清徐场馆区大雾灾害风险较高；小店场馆区、晋源场馆区、迎泽场馆区大雾灾害综合风险等级中等；尖草坪场馆区、万柏林场馆区、阳曲场馆区大雾灾害风险低。

(8)二青会期间,多种灾害天气重叠出现的可能性很大,须重点防范“雷暴＋大风＋暴雨＋短时强降水”“雷暴＋大风＋冰雹＋短时强降水”等恶劣天气对二青会各项活动及赛事的影响。

3　气象灾害风险承受与控制能力分析结论

用二青会期间7种主要气象灾害发生的可能性、后果的严重性、气象灾害预报预警能力、人工影响灾害天气能力、规避灾害措施能力、气象灾害影响经济和人口能力、灾害影响二青会活动的能力等8个指标,分析评估太原市气象灾害风险承受与控制能力,并以县(市、区)为评估单元,进行了空间易损度区划,结果如下。

(1)二青会期间,太原市对7种气象灾害的风险承受与控制能力由弱到强的排序为暴雨、短时强降水、雷暴、冰雹、高温、大风、大雾。

(2)二青会期间,太原市10个县(市、区)气象灾害空间易损度差异明显,迎泽区、杏花岭区位于易损度很高区域;小店区、尖草坪区、万柏林区属于高易损区;晋源区、清徐县属中易损区;古交市、阳曲县属于低易损区域;娄烦县属易损度很低区域。

4　风险控制措施与工作建议

针对太原市二青会期间暴雨、短时强降水、雷暴、冰雹、高温、大风、大雾7种灾害性天气分布特征和可能影响后果的分析评估结果,提出如下相应的风险控制措施和建议。

(1)重点关注暴雨灾害。暴雨天气将对二青会各种重要活动(如开幕式)、户外赛事及运动员竞技状态等产生影响,还可能影响城市的正常运行,如暴雨可诱发城市内涝、山体滑坡、地面塌陷等地质灾害,导致交通中断,航班延误等。暴雨灾害不仅风险很高,而且太原市对其的风险承受与风险控制能力最弱,对二青会以及城市的正常运行影响严重。因此,气象部门要加强暴雨天气的预报预警工作,相关部门应建立各部门联动的应急预案,二青会前就相关预案模拟演练,完善控制措施,特别是迎泽区、杏花岭区、小店区、尖草坪区、万柏林区这些气象灾害高易损区域更应完善现有控制措施,提高城市防汛能力,降低灾害影响。

(2)充分利用雷达、探空、加密自动气象站监测信息,加强短时强降水的预报,及时发布城市内涝预警和相关的防御指引;其他相关部门也应提前做好应急准备;对比赛场馆附近易积水的重点区域加强值守,发现积水、渗漏等问题及时处置。

(3)加强防雷设施安全检测工作,提高雷电防护功能,同时也要提高雷电灾害监测和潜势预报能力,做好雷电短临预报预警,为二青会相关赛事,尤其是室外活动和赛事提供防御指引。

(4)加强高温天气的监测预报预警,及时发布预警信号及相关防御指南;合理安排赛事,尽量避开高温时段。同时,加强安全保障措施,应注意做好暑热天气医疗救助、饮食卫生等方面的保障;建立应急预案,加强部门联动,降低高温灾害对城市供水、供电、卫生系统的影响。

(5)加强冰雹天气的监测、联防工作,及时发布冰雹短临预报和预警信号,抓住有利时机开展人工消雹作业;相关部门提前做好冰雹天气应对措施。由于冰雹天气持续时间较短,户外赛事可适当调整比赛时间,降低或规避冰雹天气影响。

(6)大风天气出现的可能性小,但仍需警惕和防范。除加强大风灾害的预报预警工作外,有关部门应对建筑物、特别是临时搭建的建筑物风灾防御能力开展专项检查，发现存在隐患的建筑物或设备及时采取加固等措施，将大风灾害风险降到最小。

(7)虽然二青会期间太原地区大雾灾害影响风险低，大雾主要出现在后半夜到早晨，持续时间较短，但大雾多出现在太原南部交通枢纽和场馆密集区，仍需防范其可能的影响。加之，大雾多与静稳天气相伴，间接影响空气质量和人体健康。如果预报二青会期间可能出现大雾等不利扩散的天气条件时，建议城市范围内采取应急措施，限制排污企业生产、机动车行驶。

总而言之，为积极有效应对二青会期间气象灾害，必须建立多部门联动机制。气象部门要进一步加强对气象灾害的监测、预报、预警和服务工作，其他各部门要做好相关气象灾害的应急预案；一旦发生气象灾害，各部门应根据应急预案，采取恰当的处置措施，相互配合，将灾害影响和损失降到最低程度。同时，要进一步加强安全减灾科普宣传，提高公众面对突发灾害天气时及时避险、合理自救的技能。此外，在做好气象灾害处置工作的同时，各部门还要及时做好灾情的收集、调查和分析工作，以便及时总结经验，调整和完善应急预案。

第1章　导　言

中华人民共和国第二届青年运动会（以下简称“二青会”）于2019年8月8—18日在山西举办，作为二青会的主赛区，太原将承担开幕式、闭幕式和60%以上项目的比赛。

太原位于中纬度季风气候区，夏季受偏南暖湿季风气流影响，湿热多雨，气象灾害频发。二青会期间，太原正值盛夏、主汛期，暴雨、雷暴、高温、大风等气象灾害种类多、发生频率高、突发性强，甚至是多种灾害性天气重叠发生，是气象灾害最为频繁的时段。灾害性天气对二青会的进程和体育赛事有很大的影响，持续11天的二青会举办期间，如遇严重的、叠加的、持续性的灾害性天气，整个赛程与赛事都将延误；由于运动员年龄偏小，恶劣天气会影响运动员的情绪，进而影响其竞技状态和比赛成绩；户外赛事更应防范恶劣天气对运动员、教练员和工作人员及观众的人身伤害。二青会期间，因参赛代表队、游客较集中，短期内城市人口急增，将给供水、供电、城市交通、旅游景点等带来较大压力，如遇恶劣天气，城市运行保障将会经受更严峻的考验。

联合国人道主义事务部（1991）将自然灾害风险定义为，“在一定区域和给定时段内，由于特定的自然灾害而引起的人们生命财产和经济活动的期望损失值”，并采用了“风险度（R）＝危险度（H）×易损度（V）”的表达式。Tobinhe等（1997）则从灾害出现的概率及可能性的角度出发，将灾害风险定义为“风险度（R）＝概率（P）×易损度（V）”。气象灾害属于自然灾害范畴。从灾害学的角度来说，因大气变化的不确定性和突发性而造成损失或损害的可能性，就是气象灾害风险。

风险评估是指利用系统工程方法对将来或现有系统因受外力作用和影响下可能存在的危险性及后果进行综合评估和预测，目的是通过科学、系统的安全评价估算，为评估系统的总体安全性及制定有效的预防和防御措施通过科学依据，清除和控制系统中的危害因素，最大限度降低系统中存在的致灾风险。鉴于风险评估的重要作用和意义，国内外许多机构、学者开展了灾害风险评估理论的研究，这些成果所得出的评估模型有各自的概念体系及与之对应的数据库系统、模型库和评估风险图，各具特色，适用范围也各不相同。Kaplan和Garrick（1981）提出的风险三元组理论（Risk Triplet）认为气象灾害风险包含不利气象事件、发生的可能性大小、发生可导致的后果三个方面，充分体现了风险评估的实质和内容，即“风险源”“灾害发生的可能性”及“风险后果”。UNDP（2004）研究的灾害风险指数系统（DRI）是全球尺度灾害风险评估的代表，侧重于研究国家发展与灾害风险的关系，度量灾害造成的死亡风险。ESPON项目组研发的多重风险评估方法（Greving，2006），包含致灾因子、潜在风险、脆弱性和风险四个部分，是综合所有由自然和技术致灾因素引发的所有相关风险来评估一个特定地区的潜在风险的方法。美国 HAZUS 灾害评估模型(FEMA,2004)是建立在 GIS 平台上全面的多灾种损失估算的风险分析软件包。我国在自然灾害风险评估的研究和应用方面也取得了丰硕的成果(任鲁川,1996;张权 等,2000;樊运晓 等,2001;蒋勇军 等,2001;卜广志 等,2002;黄崇福 等,2004;尹娜 等,2005;章国材,2009,2014),随着计算机、信息技术的发展,遥感和 GIS 技术越来越多地应用于灾害风险评估实践,已成为灾害评估的重要趋向(刘亚岚 等,2001;黄崇福,2002;何建华 等,2005;张义军 等,2006;扈海波 等,2007;罗培 等,2007;李军玲 等,2010;苏军锋 等,2012;黄慧琳 等,2012)。近年来,城市化与社会经济的持续发展,使得城市气象灾害“承灾体”的脆弱性及易损性特征凸显(关贤军 等,2008;王迎春 等,2009),各种大型活动受气象灾害影响的风险不断增大,对可能发生的气象灾害进行风险管理,制定有效的预防和防御措施,最大限度降低存在的致灾风险成为大型活动组委会对活动保障服务的重要要求(金磊,2002)。2008 年奥运会期间北京市按照奥组委的要求成立了突发气象灾害风险评估组,编制了北京市奥运期间突发气象灾害风险评估报告(突发气象灾害风险评估组,2007),取得了一系列研究成果(郭虎 等,2008;扈海波 等,2008;程丛兰 等,2008;扈海波 等,2009)。扈海波等(2018)采用层次分析模型建立的气象灾害风险承受和控制能力评估指标体系,对大型活动中承灾体遭受气象灾害时的脆弱性评估有很好的指导意义。当然,实施风险评估仍需做大量的经常性工作,尤其是针对大型体育活动这种在特殊区域条件下,特殊的自然环境及人文地理特征的灾害风险评估,仍需在理论及方法层面上进行改进和创新。例如,特殊自然环境下的风险源如何正确识别,如何直观表达灾害发生的可能性(不同强度气象灾害在空间上的分布差异情况;不同时间序列的不连续性等)。太原城市人口、经济自然环境所“构造”的承灾体脆弱性、危险性、易损性,对孕灾环境敏感度的认识和研究,都是二青会气象灾害风险评估必须解决的难题。

作为省会城市,山西省的政治、经济、文化中心,太原市区人口密度大,高大建筑林立、名胜古迹众多,电子设施庞杂,交通线路密集,受气象灾害影响很大。如 1996 年 8 月 4 日的特大暴雨诱发的泥石流使交通枢纽迎泽大街泥沙堆积,交通被迫中断;1999 年 8 月 8 日 18—19 时,太原城区出现强对流天气,雷电大风伴随 60 mm/h 的短时强降水,瞬间在主、次干道和立交桥下大量积水,使城市交通一度完全瘫痪。气象灾害给太原城市安全带来的风险将严重威胁 2019 年二青会安全保障,急需制定相关的减灾对策和应急措施,降低灾害风险,气象灾害风险评估工作则是制定科学、充分、有效对策和措施的关键所在。

因此,充分识别气象灾害风险源特征及分布,进行气象灾害风险的综合评估,并在风险承受与控制能力分析的基础上提出科学的风险处置措施建议,对二青会期间安全防范意义重大;进行系统性、专业性、科学性和综合性的气象灾害风险评估,是实现应急管理“预防为主,关口前移”的一项重要的基础性工作。

1.1 气象灾害风险评估的目标

建立科学、规范、系统和动态的气象灾害风险评估机制,制定有效的气象灾害风险控制措施,切实做到气象灾害预防与预测预警并重,评估与控制相结合,形成《2019 年太原第二届青年运动会天气影响风险评估报告》,为负责二青会安全保障的相关部门和管理机构提供制定应对突发气象灾害应急预案和应急管理措施的科学依据，确保二青会顺利地举办，预防和减轻气象灾害对人民生命和财产造成的损失。并完善太原市气象灾害应急预案体系，进一步提高太原气象灾害应急处置和管理工作水平。

1.2 评估范围和内容

1.2.1 评估范围

时间范围：主要针对二青会期间（8 月）这一特殊时段。

空间范围：太原行政区域范围，注重二青会场馆及周边气象灾害的安全防范。

灾害类别：主要气象灾害风险源——暴雨、短时强降水、雷暴、冰雹、高温、大风、大雾以及多种灾害性天气重叠发生的情况。

1.2.2 评估内容

以气象灾害风险源识别和风险分析为基础，综合评估太原城市及二青会场馆周边区域对各类气象灾害的风险承受与控制能力的大小。

1.3 评估原则和评估方法

1.3.1 评估原则

系统性原则：①分析各灾种时空分布特征，给出风险源调查报告，并分析风险承受与控制能力；②详细评估各灾种的可能性等级和严重性等级，给出各灾种的后果等级；③将各灾种横向比较，评估各灾种的风险等级；④给出各灾种的处置建议和措施。

实用性原则：气象灾害风险评估，要紧密结合二青会期间太原市的实际情况，围绕应急管理工作的需要，本着实用优先的原则开展工作。

综合性原则：二青会气象灾害风险评估包含的灾种较多，既有分灾种的评估，也有多灾种横向比较，同时也要分析多灾种重叠发生的情况；既有针对各行政单元的评估，也有针对二青会场馆周围区域的评估。

专业性原则：利用专业气象资料，通过专业的评估模型给出科学合理的灾害风险评估结论。

1.3.2 评估方法

（1）灾害学风险评估模型及方法。包括灾害危险性、孕灾环境敏感性、风险暴露因子、承灾体脆弱性及易损性风险。以统计高影响天气的出现可能性大小作为气象灾害的危险性指标，结合太原市空间范围内影响灾害事件行为为特征的自然环境、城市社会经济因素等（包括城市地形、人口分布、人口密度、GDP、二青会场馆分布等）集中体现二青会赛事安全的风险因素为输入参数，计算孕灾环境敏感性、承灾体脆弱性及风险暴露因子，并进行综合风险分析与区划，得出定量评估结果。

(2)多种定量化权重确定法。有"经验值法""专家打分法""层次分析模型"。依靠一线专家的知识和经验，采用自下而上的三层(基础层、指标层和目标层)评估指标结构，由下层指标计算上层指标系数。即针对每个评估单元下垫面的致灾因子危险性、孕灾环境敏感性、承灾体易损性、防灾减灾能力进行风险指数计算。

(3)GIS技术方法。将气象灾害可能性分析结果及其空间分布，以及不同等级下的空间离散化结果等以图示化的方式表达，将评估指标值离散到网格单元，完成风险指标的空间叠加计算。

1.4 评估用资料及来源

(1)气象资料来源及统计方法。

太原市7个国家级气象站1979—2018年逐日逐时气象观测资料、2008—2018年区域自动气象站气象要素观测资料，来自山西省气象信息中心。

为便于分析灾害性天气的时空分布特征，规定：①气象要素的统计以20时为日界；②灾害天气的统计以国家气象站观测记录为准。同日一个或以上站出现同一种灾害时，记为1次该灾害天气过程；各站分别记为1个该灾害日。某站同日出现多种灾害天气时，分别统计各灾种日数和天气过程次数。

(2)太原市1∶1000的DEM资料、地理信息shp格式文件等来自太原市规划与自然资源局数字地图。

(3)灾情信息来自太原市民政局和太原市国家气象站月(年)报表。

(4)太原市各县(市、区)土地面积、耕地面积、常住人口、地区GDP、城市道路长度等数据来自《太原市统计年鉴2018》。

(5)太原市河网及其分布数据来自太原市防汛抗旱指挥部办公室。

1.5 评估工作流程

夏季气象灾害的突发性、复杂性及与下垫面目标的耦合性等因素，决定了城市气象灾害风险评估必须从灾害对城市承灾体的外动力作用入手，分析及评估灾害历史发生频率(次)、城市承灾体脆弱性及易损性等多个方面，拟定风险源，划分风险等级及等级区域，为气象安全及应急服务提供防范对策及方法。其风险评估工作流程如图1-1所示。

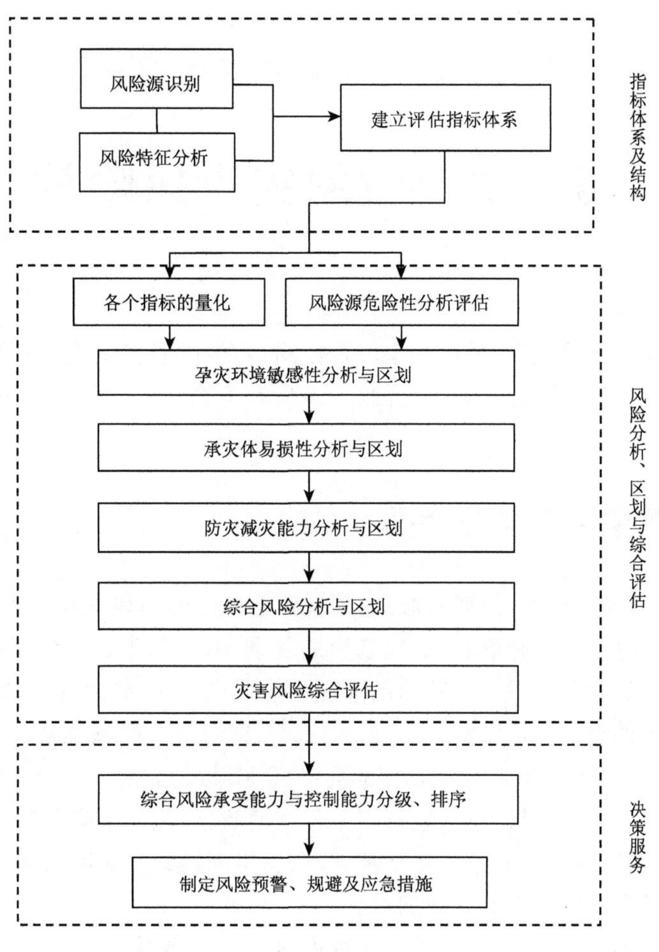

图 1-1 风险评估工作流程图

第 2 章　气象灾害风险源

气象灾害是指因气象因素或通过气象因素作用，产生的直接危害人们生命财产和生存条件的各类事件。具有灾害种类多、影响范围广、发生频率高、持续时间长、灾情重、群发或连锁反应等特点。

2.1　太原市气象灾害风险特征

太原市位于黄土高原东部，山西省腹地，属暖温带大陆性季风气候。市境东、西、北三面环山、汾水中贯；境内地势起伏，高低悬殊；地貌形态复杂多样，山地、丘陵、平原、盆地、谷地均有分布，城区位于中南部的河谷平原。特殊的地理环境形成了太原独特的局地气候；加之经过新中国成立近 70 年来的建设，太原从 1949 年的人口 27.1 万，市域面积 399 km^2、建成区 30 km^2，发展为人口 438.0 万(2017 年)，市域面积 6988 km^2、建成区 355 km^2 的大城市。城市化建设改变了原有自然形态，使得人口、经济密集程度增高，形成一个脆弱的、巨大的城市孕灾环境，一旦发生灾害，影响到城市的某个安全环节，极易出现连锁反应和次生灾害，形成灾害的放大效应，甚至导致城市保障系统的瘫痪崩溃。

调查发现，太原市及二青会场馆周边区域可对二青会气象安全造成影响的气象灾害主要有暴雨、短时强降水、雷暴、冰雹、高温、大风、大雾等高影响天气。其致灾过程一般是由单一性致灾因子作用引发气象灾害事件，多致灾因子共同作用下的城市气象灾害事件也有很多，尤其是汛期多致灾性天气同时出现的概率很高，如短时强对流天气中雷电、大风、暴雨、甚至冰雹天气常相伴出现。总体上看，太原市 8 月主要高影响致灾性天气所能引发灾害的风险特征及危害如下。

(1)8 月多降雨，暴雨出现的可能性大

6—9 月是太原市的汛期，降水量占全年降水量的 73.5%；8 月是一年中降水量最多的月份，平均降水量达 100.3 mm；出现降水(含微量)的概率为 45.7%，≥0.1 mm 的平均降雨日数 14.5 天，雨日平均降水量为 6.9 mm。太原市年平均暴雨日数 1.9 天，5—10 月均有可能出现，以 7 月最多，8 月次之，8 月暴雨约占年暴雨总数的 39.2%。随着城市化的发展，1996 年以来，太原区域暴雨过程明显增多，过程最大降水量，城区大于县区的趋势明显，极端性增强，引发山洪、地质灾害的风险加大，应加强防范。

(2)短时强降水易发，容易形成城市内涝等灾害，城市化加剧了这种灾害和影响

太原市的短时强降水(降水量≥20 mm/h)出现在 5—9 月，年均 4.0 次；7—8 月最易发，占

年总次数的81.6%;8月短时强降水年均1.5次。近40年(1979—2018年)的降水资料显示,太原城市化发展与城区短时强降水次数的增多基本同步,城区次数约是县区的1.5倍,容易诱发城市内涝、交通阻滞等次生(衍生)灾害,给赛事、活动带来较大影响,必须做好防御和应对措施。

(3)雷电频发,强雷电集中于高层建筑与人口密集区

太原市是雷电较多的地区,年平均雷暴日数57.7天,出现在3—11月,主要集中期在5—9月,平均日数53.5天,占年雷暴总数的92.8%。其中,8月平均雷暴日12.5天,发生概率为40.2%。雷电强度呈现东强西弱分布,强雷电主要位于城六区和阳曲县的东北部。城市化的发展,城市人口增加和城区面积的扩大,新增的高层建筑物和电子仪器等设备成为雷击的主要目标,城市"承灾体"的脆弱性及易损性特征凸显。

(4)雹期长、局地性强,多个场馆位于雹击线上

太原地区冰雹可出现在4—10月,6—8月较易发。近40年来,太原共出现雹日206天,年均5.2天,最多16天(1993年),偶尔也有无雹日年(2010年)。8月平均降雹日数1.1天,占年总数的20.9%,以局地冰雹为主,比例高达88.4%。"雹打一条线",追踪分析太原降雹日冰雹云的移动轨迹,发现"凤巢"、青运村等多个体育场馆处于西北、东北路径雹击线上,有可能给赛事及人员安全带来较大影响。

(5)高温、高湿,午后闷热指数高

太原市的高温(日最高气温≥35.0 ℃)天气主要出现在5—8月,占年高温日数的97.4%;以7月最多发且严重,6月次之;高温日数年际变化明显,最多达20天(2010年),有的年份则无高温日(2003年)。近40年来,相较于6月和7月,8月高温日数明显减少,共出现高温日23天,平均0.6天;曾3次出现连续2天以上的大范围高温,1990年8月4—6日出现高温热浪(连续3天最高气温≥35.0 ℃),最高温度达37.0 ℃。需要指出的是,受季风气候影响,二青会期间,太原市高温高湿,平均最高气温28.2 ℃,平均最小相对湿度55%,有三分之一以上的时间最高气温≥30.0 ℃,特别是8月上中旬这个比例更高。午后高温高湿的闷热天气容易使人产生不适,影响人的活动及工作能力,引发中暑等疾病,不利于运动员成绩的发挥。

(6)可能出现短时大风,多伴有雷雨天气

太原地区的大风(风速≥17 m/s)天气,春季最多,4月尤甚;夏季大风较春季明显减少,且多为雷雨大风,具有发生突然、持续时间短、影响迅速、破坏力强等特点。太原8月平均大风日数1.3天,虽然20世纪90年代以来出现的多为局地雷雨大风,但其一旦发生,对二青会比赛项目会有较大影响,在一定条件下,也会对人员安全造成严重威胁。

(7)大雾日数南部多北部少,对交通安全有一定影响

大雾可出现在一年中的任何时段,太原地区的大雾呈现秋冬多春夏少、南多北少的时空分布特征;近年来,各县(区)大雾日数均有增多趋势。8月太原大雾平均日数为2.9天;雾多在夜间形成,日出后逐渐消散,大多在09时前结束,对赛事影响有限。但南部是进出太原的交通枢纽,飞机场、高铁、高速公路云集,也是二青会赛场较集中的地区,大雾使机场航班延误,大量旅客滞留;高速公路封闭也导致物流和人流运输不畅,对交通的影响也会一定程度上影响赛事活动的正常进行等。

(8)多种灾害天气叠加出现的可能性大,须重点防范

太原的高影响致灾天气除有单一因子作用外,还有多种灾害天气重叠出现的情况。8月

是太原一年中降水最多的月份，高温仍是上、中旬天气舞台的“主角”，暴雨、高温天气常相伴相随，高温高湿的闷热天气较多；此时的雷电灾害较为活跃，并常与短时强降水、大风、冰雹等强对流天气的一种或多种伴随出现，给经济建设和人们生命财产安全造成重大影响。气象灾害监测显示，太原地区与雷电同时出现的强对流天气，以大风最多，短时强降水次之；雷暴伴随一种灾害天气出现的比率高达85.1%，伴有二种灾害天气的比率为8.7%，伴有三种灾害天气仅1.7%，40年中“雷暴＋冰雹＋大风＋短时强降水”和“雷暴＋暴雨＋大风＋短时强降水”各出现了2次，但这种恶劣天气均在当地造成了严重的灾害。

2.2 气象灾害风险源特征及识别

2.2.1 暴雨灾害风险源特征及识别

2.2.1.1 风险源特征

暴雨是太原夏季主要的灾害性天气之一，具有来势猛、雨强大、多夜雨、局地性强等特点，人们往往来不及做好充分的应急准备。研究表明，近年来，随着城市的发展，城市“热岛效应”越来越明显，其对城市及周边地区边界层稳定度和局地环流条件的改变，使得城区呈现局地暴雨增多、强度增大趋势，暴雨的极端性增强。例如，2016年7月19—20日，太原城区出现了历史罕见的大暴雨和连续暴雨，给城市交通和人民生命财产造成了严重威胁。

2.2.1.2 二青会期间暴雨天气出现情况

7—8月是二青会前期繁忙准备和二青会赛事进行阶段，恰好是太原一年中降水最集中，暴雨天气发生概率最高时期，尤以“七下八上”为甚。如果7月下旬出现暴雨天气过程，可能影响到开幕式文艺活动的彩排和其他保障活动的演练；若出现在8月上、中旬，极有可能影响开、闭幕式效果、赛事正常举行和运动员技能的发挥。从暴雨的时间分布看，近40年来，太原7月暴雨发生频次最高，占年总数的41.9%；8月次之，占年暴雨总数的39.2%；二青会期间8月上、中旬出现暴雨的可能性大。从空间分布来看，青运场馆所在区域的城六区和清徐、阳曲县暴雨过程较易发生。

2.2.1.3 暴雨灾害天气的影响

(1)总体影响

①对城市整体防汛的影响。太原城区东、西两山夹一河，地势低洼，历史上曾出现过冲毁路桥、泥石流漫灌迎泽大街的暴雨灾害(1996年8月4日)，二青会期间，暴雨威胁城市的可能性很大。

②对城市运转的影响。城市暴雨导致的低洼路段、立交桥下大量积水，使交通陷入瘫痪，影响城市正常运转和市民日常工作和生活。

(2)对二青会的影响

①影响前期准备工作。如二青会开、闭幕式等大型活动的彩排和场馆保障系统的布置等工作。

②直接影响开、闭幕式和一些室外赛事的举行。

③影响运动员的竞技状态和成绩。

④影响城市交通，有损城市形象。

⑤影响游客的出行计划和安全。

(3)风险识别

准确描述暴雨天气风险及其影响后果，对二青会期间暴雨灾害的防御具有重要意义。表2-1从灾害影响后果、影响形式、影响对象三个方面给出了二青会期间暴雨灾害风险识别表。

表2-1　二青会期间暴雨灾害风险识别表

风险源	灾害风险	影响形式	主要影响对象
暴雨	引发洪涝灾害，影响城市整体防洪	直接	城市居民、防洪设施
	导致开、闭幕式等大型活动彩排等准备活动无法按期进行	直接	表演者和组织者
	导致开、闭幕式大型活动正常举行及效果受影响	直接	表演者、组织者、代表团、观众
	导致某些室外赛事无法正常进行	直接	运动员、观众
	影响城市交通、航运	直接	所有人员
	导致游客出行计划受阻	直接	游客

2.2.2　短时强降水灾害风险源特征及识别

2.2.2.1　风险源特征

短时强降水是太原夏季常见的灾害性天气，具有生消迅速、常伴雷电、局地性强、影响快等特点，短时间产生的大量降水常因排水不畅引发城市低洼路段、立交桥下积水。研究表明，近40年来，太原短时强降水发生频次与城市化发展指数呈显著正相关，城区短时强降水呈0.68次/10a的增加趋势，且城区东部短时强降水明显多于西部。

2.2.2.2　二青会期间短时强降水出现情况

7—8月是短时强降水最易发时段，占年短时强降水总数的80.7%，7月发生频次最高，8月次之。故短时强降水天气有可能影响到开幕式文艺活动的合练和场馆布置等工作。8月发生的短时强降水，常出现在一天中的02—04时、15—20时、22时，上午较少出现；二青会期间，8—18日出现的短时强降水占月总频次的52.5%，极有可能影响开幕式演出和下午赛事计划的正常进行；但气象记录显示，8月出现的短时强降水，88.9%只维持1小时，没有出现过连续3小时及以上的个例，故只要适当调整比赛时间，即可避开对比赛有较大影响的强降水时段。

2.2.2.3　短时强降水天气的影响

(1)总体影响

①对城市防汛的影响。高强度的短时强降水会对城市防汛造成较大的压力，如1999年8月8日19时，城区1小时降水60 mm，致使城市部分河道水位猛涨，城南缓洪池被冲毁等。

②对城市运转的影响。短时强降水常引发城市低洼路段、立交桥下积水，致使交通不畅，影响城市交通和市民出行安全。

(2)对二青会的影响

①影响前期准备工作。如二青会开、闭幕式等大型活动的彩排和场馆保障系统的布置等工作。

②直接影响开、闭幕式和一些室外赛事的举行。

③影响运动员的竞技状态和成绩。

④影响城市交通。

⑤影响游客的出行计划和安全。

(3)风险识别

二青会期间短时强降水灾害风险识别见表 2-2。

表 2-2 二青会期间短时强降水灾害风险识别表

风险源	灾害风险	影响形式	主要影响对象
短时强降水	引发洪涝灾害，影响城市整体防汛	直接	城市居民、防汛设施
	导致开、闭幕式等大型活动合练等准备工作无法按时进行	直接	表演者和组织者
	导致开、闭幕式大型活动正常举行及效果受影响	直接	表演者、组织者、代表团、观众
	导致某些室外赛事无法正常进行	直接	运动员、观众
	导致城市交通不畅、阻滞	直接	所有人员
	影响游客出行计划	直接	游客

2.2.3 雷电灾害风险源特征及识别

2.2.3.1 风险源特征

雷电灾害是“电子时代的一大公害”。太原市高层建筑林立，电子设备、仪表众多，城区人口密集，是雷电灾害的多发区域之一。年平均雷暴日数 57.7 天，主要集中在 5—9 月，占全年雷暴总日数的 92.8%。一天中任何时次均可能出现雷电，但 20 时至次日 11 时，雷电出现频次较低，12—19 时雷电相对活跃，最活跃的时段在 13—18 时；8 月份的雷电强度呈现东强西弱分布，强雷电主要位于城六区和阳曲县的东北部。每年太原都会发生多起因雷击导致的财产损失或人员伤亡事故。

2.2.3.2 二青会期间雷电天气出现情况

二青会期间的 7—8 月，是太原地区雷电天气的高发期，占年雷电日数的 47.6%，7 月雷电日最多，8 月平均雷暴日 12.5 天，占比 21.6%，出现雷电灾害的可能性大。二青会期间的雷电天气有可能导致电子通信设备、供电设备、计算机网络故障等，对运动会影响较大，必须做好预防和应对准备。

2.2.3.3 雷电灾害天气的影响

(1)总体影响

①导致电子通信设备、供电设备、计算机网络故障。

②导致供电设备故障，造成停电事故。

③造成雷击伤人事件，致死致伤。

④雷击引起火灾，危及人身安全。

⑤高大建筑物、树木、广告牌遭雷击受损。

(2)对二青会的影响

①场馆发生雷击，威胁运动员、工作人员、观众生命安全。

②威胁电子设备安全运行，影响比赛和赛事转播等。

③导致公共设备损毁，造成停电、停水事故。

④导致高大树木、广告牌损毁，危及人身安全。

(3)风险识别

二青会期间雷电灾害风险识别见表 2-3。

表 2-3 二青会期间雷电灾害风险识别表

风险源	灾害风险	影响形式	主要影响对象
雷电	造成场馆雷击事件，引起人员伤亡	直接	运动员、观众、工作人员
	导致电子设备损毁，无法正常运行	直接	运动员、赛事转播人员、组织者
	造成公共设备损毁，导致交通、电力事故	直接	表演者、组织者、代表团、观众
	可能引起火灾，危及人身安全	直接	运动员、观众、工作人员

2.2.4 冰雹灾害风险源特征及识别

2.2.4.1 风险源特征

冰雹是强对流天气的产物，故其出现时常有雷电、大风等伴生灾害，有时还伴有短时强降水，因而，具有发生突然、持续时间短、局地性强、天气剧烈、危害严重等特征，是太原主要的灾害性天气之一。6—8 月是太原地区冰雹最频繁的季节，占年冰雹日数的 72.3%；平均雹日 3.8 天，冰雹最大直径 4 cm。6—8 月出现的冰雹，以局地为主，同一天 3 站以上出现冰雹天气的只有 6 次，不足 5%。

2.2.4.2 二青会期间冰雹天气出现情况

1979—2018 年的 40 年间，8 月太原出现冰雹天气过程 43 次，占年总数的 20.9%；其中，约有 88.4%的冰雹天气为局地冰雹。统计二青会场馆所在区域历年 8 月的降雹情况，发现以尖草坪为代表的北部城区和阳曲县降雹日数最多，清徐次之，南部城区(以小店为代表)较少。

2.2.4.3 冰雹灾害天气的影响

(1)总体影响

冰雹局地、短时、剧烈的天气特性，使得室外设施受损，甚至造成人员伤亡。近年来，私人汽车拥有量的快速增长和停车位不足的矛盾日渐突出，汽车也成为城市雹灾的主要承灾体，给城市交通安全带来更大的隐患。

(2)对二青会的影响

①直接影响开、闭幕式等大型活动无法按时进行。

②威胁户外人员人身安全。

③损坏室外设施、影响室外赛事的举行。

④影响城市交通正常运转，使比赛无法按时举行。

⑤对比赛场区宣传环境、转播设施等造成破坏。

⑥影响观众席的秩序稳定，引起场区混乱，甚至发生砸伤、踩踏事故。

⑦影响游客的出行和游览计划。

(3)风险识别

二青会期间冰雹灾害风险识别见表2-4。

表2-4 二青会期间冰雹灾害风险识别表

风险源	灾害风险	影响形式	主要影响对象
冰雹	威胁室外人员人身安全	直接	所有人员
	影响开、闭幕式等大型活动无法按时进行	直接	组织者、演员、道具
	影响室外赛事、公益活动的正常进行	直接	运动员、组织者、观众
	影响交通、航运	直接	交通、乘客
	对比赛场区宣传环境、转播设施造成破坏	直接	宣传、转播效果
	影响观众席的秩序稳定	直接	观众、运动员

2.2.5 高温灾害风险源特征及识别

2.2.5.1 风险源特征

高温是太原地区常见的灾害性天气，具有持续时间长、发生频率高、影响范围广、危害程度大的特点。太原市高温天气出现在4月下旬至9月上旬，年平均5.7天，极端最高气温40.4 ℃(2010年7月30日)；3个以上县(区)同日出现高温天气的区域高温日数占年高温总日数的61.7%。高温天气使城市用水、用电量增加，造成水、电供应紧张；还会对人体健康、动植物生长产生影响和危害，给交通、建筑、旅游等行业带来不同程度的影响。

2.2.5.2 二青会期间高温天气出现情况

二青会期间，8月高温日数较6月、7月明显减少，1979—2018年8月共出现≥35 ℃高温天气21天，平均高温日数0.5天，说明二青会期间出现高温天气的可能性不是很大，但1990年8月4—6日曾出现高温热浪(连续3天最高气温≥35.0 ℃)，最高温度达37.0 ℃；连续2天的大范围高温出现过3次。另外，受季风气候影响，太原市8月份高温高湿，闷热天气较多，平均闷热天数2.7天，是高温天气的5.4倍，即，二青会期间闷热天气的发生概率要比高温天气大得多；闷热天气影响人的生理机能，不利于运动员保持良好的竞技状态，进而影响比赛成绩。

2.2.5.3 高温灾害天气的影响

(1)总体影响

①高温、闷热天气影响人的身体和生理健康。使与热有关的各种疾病发病率上升，还可能影响人的思维活动和生理机能，使人容易疲劳、烦躁，增加出现事故的概率，连日的闷热天气还会使中暑人数明显增加。

②影响城市供水、供电系统正常运行。高温天气使用水、用电量增加，造成城市供水、供电

紧张。

③影响对粮食、食品、药品等物资的储存、储运，导致霉变、腐烂等损失。

(2)对二青会的影响

①对室外项目的训练和比赛产生影响，影响运动员的竞技状态和成绩。

②影响城市供电、供水，尤其是针对二青会服务保障部门的水、电供应。

③影响工作人员、观众人体健康，易导致中暑、心血管疾病的发生。

④对二青会服务保障部门的物流、食品保鲜造成不利影响。

⑤影响游客的出行和游览计划。

(3)风险识别

二青会期间高温灾害风险识别见表2-5。

表2-5　二青会期间高温灾害风险识别表

风险源	灾害风险	影响形式	主要影响对象
高温	影响运动员的竞技状态和成绩	直接	运动员
	对室外项目的训练和比赛产生影响	直接	运动员、观众
	影响人体健康，易导致中暑等疾病	直接	运动员、工作人员、观众
	影响城市供电、供水	间接	二青会服务保障部门、公众
	对物流、食品保鲜产生不利影响	间接	二青会服务部门、运动员、游客

2.2.6　大风灾害风险源特征及识别

2.2.6.1　风险源特征

太原市夏季出现的大风多伴有雷雨、甚至冰雹等强对流天气，具有发生突然、持续时间短、即刻造成影响、破坏力强等特点。相较于6月、7月，8月大风日数有所减少，且多为局地大风，易出现在下午时段，最多风向为偏北风。极大风速达28.0 m/s(10级狂风)，出现在1985年8月3日。大风天气对二青会比赛项目会有较大影响，在一定条件下，也会对人员安全造成严重威胁。

2.2.6.2　二青会期间大风天气出现情况

1979—2018年的40年间，8月太原共出现大风日53天，平均大风日数1.3天，96.1%为雷雨大风。从时间分布上来看，上旬出现的大风最多，占比41.2%，下旬略少，中旬较少，占19.6%。

2.2.6.3　大风灾害天气的影响

(1)总体影响

①刮倒城市绿化带树木、损坏电力设施，造成经济损失和人员伤亡。

②影响城市交通和航运。

③造成农作物倒伏，影响产量。

④吹起或带来沙尘，影响空气质量。

⑤引发或加剧火灾，危及人身安全。

⑥威胁户外作业人员安全。

(2)对二青会的影响

①影响前期的准备工作。如二青会开、闭幕式大型文艺活动的彩排和场馆的布置等工作。

②直接影响开、闭幕式和一些室外赛事的举行。

③损坏户外设施、供电线路、通信线路。

④影响城市交通和室外活动安全。

⑤刮倒城市绿化带树木、电线杆等，造成人员伤亡和财产损失。

⑥加剧甚至引发火灾

⑦影响游客的出行和游览计划。

(3)风险识别

二青会期间大风灾害风险识别见表 2-6。

表 2-6　二青会期间大风灾害风险识别表

风险源	灾害风险	影响形式	主要影响对象
大风	损坏户外设施、供电线路、通信线路	直接	供电、通信、赛事组织者
	引起沙尘	间接	空气质量、市民生活
	刮倒树木、电线杆、广告牌	直接	行人生命、财产
	影响交通、航运	直接	交通、乘客
	引起火灾，危及人身安全	直接	生命财产
	影响正常的生产生活与活动	直接	所有人员

2.2.7　大雾灾害风险源特征及识别

2.2.7.1　风险源特征

大雾可出现在一年中的任何时段，已成为影响交通安全的一大公害。太原地区的大雾具有南部多北部少、秋冬季多春夏季少、夜间多白天少的时空分布特征。年平均大雾日数 34.1 天，南、北部雾日比例为 4∶1。由于南部是进出太原的交通枢纽，飞机场、高铁站、汽车站、高速进出口聚集于此，一旦出现大雾，将导致交通、物流不畅，旅客、车辆滞留。另外，雾日，大气静稳，不利于污染物扩散，导致空气质量下降，影响人体健康。

2.2.7.2　二青会期间大雾天气出现情况

8 月份二青会举办期间，太原地区大雾虽较春夏其他月份增多，平均大雾日数为 2.9 天，但 8 月的雾大多在夜间形成，09 时前就基本消散，对赛事影响有限。但是，二青会赛场在南部布设较多，大雾可能使机场航班延误，高速公路封闭也导致物流和人流运输不畅，对交通的影响也会在一定程度上影响赛事活动的正常进行。

2.2.7.3　大雾灾害天气的影响

(1)总体影响

①影响交通安全。受影响最大的是南部地区高速公路的行车安全和航运安全。大雾日能见度低，航班延误、旅客滞留、交通事故时有发生，可能造成人员伤亡和财产损失；高速公路封闭也将导致运输不畅。

②影响污染物扩散，威胁人体健康。大雾日不利污染物扩散，交通拥堵时汽车尾气排放增大将加重空气污染程度，导致呼吸道疾病易发，威胁老、弱和室外活动人群的身体健康。

(2)对二青会的影响

①致使交通拥堵、航班延误。

②影响对能见度敏感的室外赛事的按期举行。

③影响城市空气质量。空气污染会威胁室外活动人员，特别是剧烈活动的运动员的身体健康。

④影响游客的出行。

(3)风险识别

二青会期间大雾灾害风险识别见表 2-7。

表 2-7　二青会期间大雾灾害风险识别表

风险源	灾害风险	影响形式	主要影响对象
大雾	导致航班延误、高速公路封闭、道路拥堵，致使人员不能按时到场，活动无法按期举行	直接	运动员、组织者、表演者、观众
	低能见度导致某些室外赛事不能按期举行	直接	运动员、组织者、观众
	空气污染，威胁人体健康	间接	所有人员
	影响游客出行	直接	游客

2.2.8　多灾害重叠天气风险源特征

一日内，两种及以上的灾害性天气在同一站点同时出现的现象，定义为 1 个多灾害重叠天气。如强对流天气中短时强降水、大风、冰雹同时发生的现象。

2.2.8.1　分析方法

利用太原 7 个国家气象站 1979—2018 年 8 月逐日观测资料，对暴雨、短时强降水、雷暴、冰雹、高温、大风、大雾 7 种灾害性天气进行多重灾害风险源统计分析。

2.2.8.2　多灾害重叠天气风险源特征

在统计的太原地区 7 个观测站 8 月 2150 个灾害性天气样本中，共发生了 246 个多灾害重叠天气事件，发生率为 11.4%。表 2-8 给出了 246 个重叠天气中各种组合的分布情况。

表 2-8　7 站灾害性天气重叠种类数和占比统计表

重叠种类	2	3	4	5	6	7
日数(天)	220	22	4	0	0	0
占比(%)	89.4	9.0	1.6	0	0	0

由表 2-8 可知，太原地区 8 月同一天出现的灾害性天气种类越多，发生的几率就越小，灾害天气的种类每增加一种，重叠数就减少一个数量级。在 246 个灾害叠加发生的天气事件中，两种灾害天气重叠的比例最高，有 220 个，占比 89.4%；3 种灾害天气重叠的有 22 个，占比 9.0%；4 种灾害天气重叠的只有 4 个，占比 1.6%，没有发现有 5 种以上天气重叠出现的个例。

第3章　暴雨灾害风险评估

暴雨(日降水量≥50 mm)灾害是指较短时间内出现大量降水,引发山洪、地质灾害、城市内涝等次生灾害,造成交通、生命线系统遭受破坏以及出现人员伤亡和经济损失等情况的事件。

3.1　暴雨时空分布特征

3.1.1　暴雨天气的时间分布

统计1979—2018年暴雨日数及出现时间可知,太原年平均暴雨日数1.9天,年际波动较大,最多年为4天,少数年份则无暴雨。暴雨最早出现在5月12日,最晚结束于10月2日;7月上旬到9月上旬最易发生暴雨,其中,8月上旬暴雨日数最多(图3-1)。

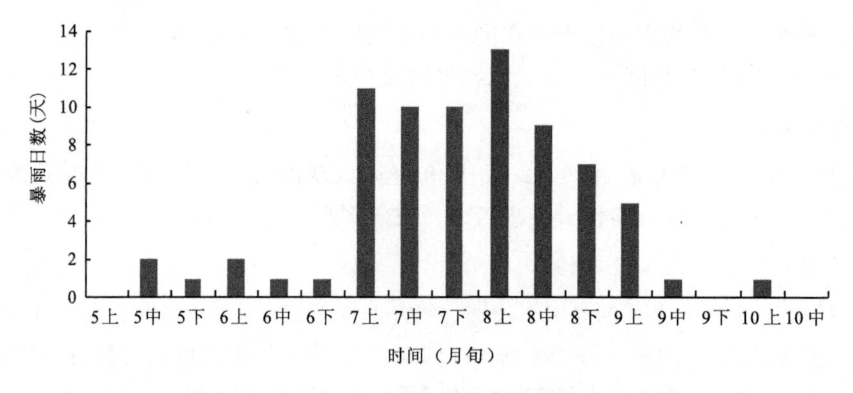

图3-1　1979—2018年太原市暴雨日数时间分布

分析近40年太原市不同强度暴雨的出现时间,发现一般暴雨(日降水量<100 mm)占暴雨总数的97.3%,出现在5—10月;大暴雨占比不足3%,集中出现在7月中旬至8月上旬,在统计年份中没有出现过特大暴雨。

1979—2018年8月暴雨分时雨量及最大雨强统计表明,二青会期间,太原市暴雨具有明显的夜雨型、对流性特征。02—03时段雨量急剧增大,04—08时段降水的频次最高;09—10时、14—20时段雨量较大,且常伴有雷电;暴雨过程中上述时段都曾出现过雨强>35 mm/h的强降水,尤以19—20时为甚,雨强均超过了50 mm/h(图3-2)。

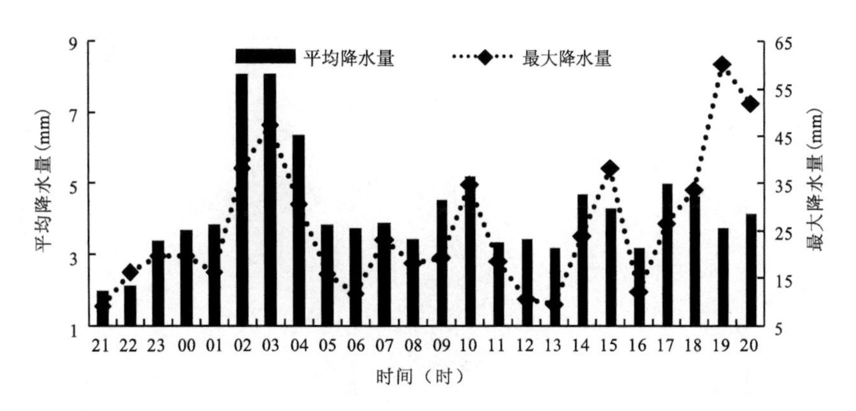

图 3-2 1979—2018 年 8 月太原市暴雨分时降水量与最大降水量分布

3.1.2 暴雨天气的空间分布

太原市的暴雨日数呈现明显的东部(城区、清徐、阳曲)多、西部(古交、娄烦)少的空间分布特征(图 3-3);小店区最多,古交最少,两地暴雨日数相差一倍。对 1979—2018 年暴雨过程影响范围的统计显示,太原市暴雨以局地为主,单站暴雨占比达 56.8%,城区局地暴雨相对较少;3 站以上同日出现的区域暴雨城区明显多于县区。

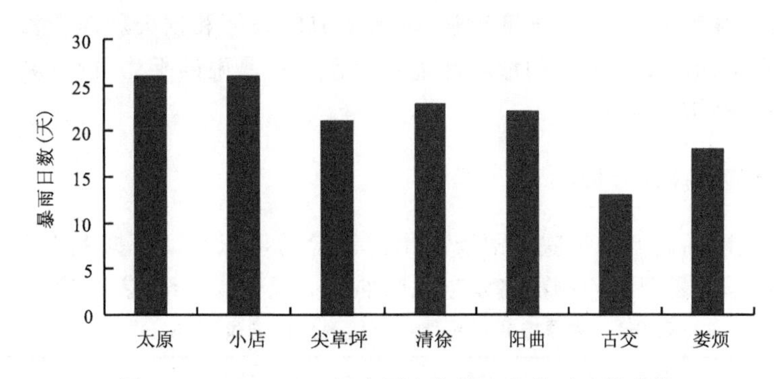

图 3-3 1979—2018 年太原市各县(区)暴雨日数分布

8 月份,太原市暴雨日数仍呈东多西少的空间分布,但各地暴雨日数相差不大;暴雨的局地特征更加明显,占比增大到 69.0%,但城区的区域性暴雨仍多于县区。由于灾情与暴雨发生地人口和财产的集中程度成正比,城区的区域暴雨更应引起重视。

图 3-4 是太原市 1979—2018 年日降水量极值空间分布图,可见,太原日最大降水量在 65.9～188.9 mm,空间分布大致呈现东部大、西部小,城区大、县区小,山前和山前偏南迎风坡及喇叭口地形谷地与城近郊区一带暴雨强度都较大的分布特征,受城市化和地形的影响极大。

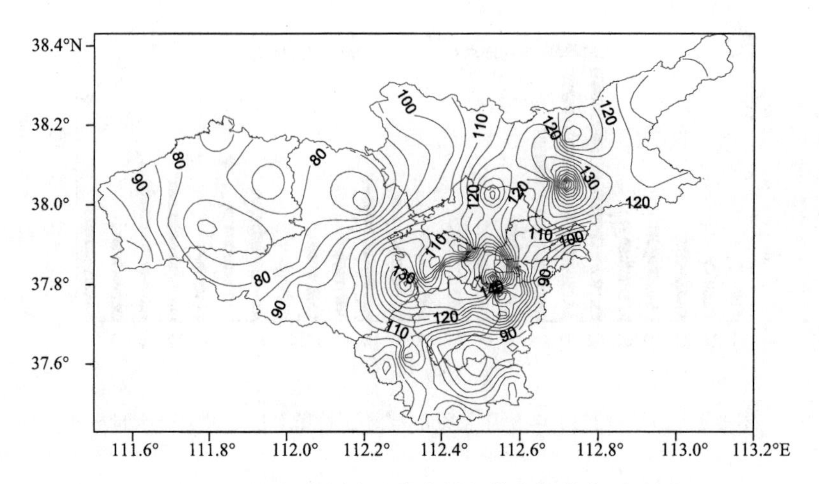

图 3-4　1979—2018 年太原市日降水量极值空间分布图(单位:mm)

3.2　暴雨灾害的危险性分析

暴雨是太原市夏季最主要的气象灾害,常造成山洪、地质灾害、中小河流洪水、农田渍害,城市内涝等灾害,危害工农业生产、城市交通和人们生命财产安全。暴雨出现的频次越高,发生暴雨灾害的可能性就越大;降水强度越强,暴雨造成的破坏和损失就越严重,其灾害风险也越大。因此,二青会期间暴雨天气的危险性主要考虑 8 月暴雨的平均日数(频次)和暴雨过程中日降水量极值两个致灾因子。

3.2.1　暴雨灾害的可能性分析

用暴雨发生频次的高低来反映暴雨天气出现风险的可能性。根据太原市 1979—2018 年暴雨观测资料,依据月暴雨平均频次将发生暴雨的可能性分为 5 级(表 3-1)。

表 3-1　太原市暴雨可能性等级划分标准表(单位:次)

可能性等级	可能性很小 A	可能性小 B	有可能 C	可能性大 D	可能性很大 E
平均频次(次)	<0.05	[0.05,0.1)	[0.1,0.3)	[0.3,0.5)	≥0.5

1979—2018 年二青会同期间,太原市出现暴雨过程 29 次,平均频次 0.73 次,可能性等级为 E 级,出现暴雨的可能性很大。

3.2.2　暴雨灾害的严重性分析

暴雨的致灾因子是降水量,综合分析太原市历次暴雨过程中降水量的大小及其造成灾害损失的情况,按过程中 24 小时降水量极值的大小将暴雨分为 5 级,依次为一级暴雨、二级暴雨、三级暴雨、四级暴雨、五级暴雨(表 3-2),其严重性表达为轻、一般、较严重、严重、很严重。

表 3-2　太原市暴雨灾害严重性等级划分标准表(单位:mm)

暴雨等级	一级暴雨	二级暴雨	三级暴雨	四级暴雨	五级暴雨
日最大降水量	[50,60)	[60,70)	[70,80)	[80,100)	≥100

分析太原市 8 月出现的暴雨过程发现,低级别的暴雨影响范围较小,高级别的暴雨覆盖范围普遍较大,造成的灾害也较重。1979—2018 年 8 月,太原一、二级暴雨占比 69.0%,局地暴雨占其过程总数的 86.4%;而三级以上的暴雨过程,局地暴雨只占总数的 14.3%。二青会期间,太原市日最大降水量为 109.5 mm,出现在 2007 年 8 月 7 日,达到五级暴雨的标准,造成了严重的城市内涝和地面崩塌、山体滑坡等地质灾害。综合评估二青会期间暴雨的等级为五级,很严重。

3.2.3　暴雨灾害风险等级评估

风险等级由风险可能性和风险严重性两个因素决定。将风险等级划分为很低、低、中、高、很高 5 级,按照专家给出的灾害性天气可能性与严重性风险等级判别(表 3-3),进行灾害性天气风险等级评估。

二青会期间,历史同期太原市暴雨灾害出现的可能性很大,一旦出现暴雨天气,可能会对二青会前期的准备工作、开幕式和室外赛事的举行、对运动员的竞技状态和成绩产生影响,尤其是三级以上的暴雨天气,灾害影响的严重程度很高。综合考虑二青会期间太原市暴雨出现的可能性与严重性两方面因素,暴雨天气引发的灾害风险评估等级为很高,应提前做好防范和应对工作。

表 3-3　太原市灾害性天气风险等级判别参考表

可能性等级	严重性等级				
	一级	二级	三级	四级	五级
A	很低	很低	低	低	中
B	很低	低	低	中	中
C	低	低	中	中	高
D	低	中	中	高	高
E	中	中	高	高	很高

3.2.4　暴雨致灾因子的危险性区划

为精细评估太原市二青会场馆暴雨灾害风险,对太原各县(市、区)8 月平均暴雨日数和 24 小时降水量极值资料进行标准化处理,二者的权重比例在致灾因子中分别占 0.67 和 0.33;用 ArcGIS 10.0 中普通克里金插值方法和栅格计算器进行空间分析和参差分析求和得到暴雨灾害风险指数栅格数据后,采用自然断点法将其划分为很高(≥0.81)、高[0.68,0.81)、中[0.54,0.68)、低[0.41,0.54)、很低(<0.41)五个级别,得到太原市暴雨灾害致灾因子危险性区划图(空间分辨率为 1 km×1 km)。由图 3-5 可看出,8 月太原暴雨高危险区主要集中在城六区和阳曲县西部,尖草坪、万柏林暴雨致灾因子危险性很高。

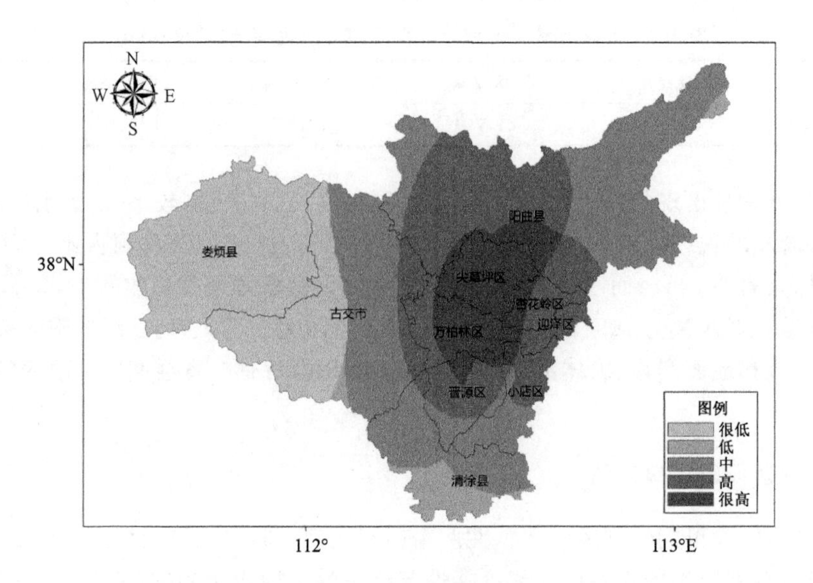

图 3-5　太原市暴雨致灾因子危险性区域图

3.3　孕灾环境敏感性分析及区划

从引发、影响暴雨灾害的条件和机理分析，孕灾环境条件主要指地形、水系等因子的综合影响。地形主要包括地表高程和地势起伏变化。一般认为，高程越低，地形起伏越小，越不利于积水排泄，越容易形成暴雨洪涝灾害。水系主要考虑河网密度。河网越密集，遭受暴雨洪涝灾害的风险越大。

根据太原市实际情况，利用数字地图，在 GIS 中直接提取地表高程；地势起伏采用高程标准差表示，即用每个栅格点与周围 8 个栅格点的高程标准差来表示地势起伏。将全市海拔高度分为 5 级，地形标准差分为 3 级，可以确定如表 3-4 所描述的综合地形因子与暴雨灾害危险程度关系来换算地形因子系数。这样，高程越低，高程标准差越小，综合地形因子系数越大，表示越容易形成暴雨灾害。

表 3-4　太原市地形因子赋值表

地形高程(m)	高程标准差(m)		
	一级(≤1)	二级(1,10]	三级(>10)
一级(<850)	0.4	0.5	0.6
二级[850,1150)	0.5	0.6	0.7
三级[1150,1450)	0.6	0.7	0.8
四级[1450,1750)	0.7	0.8	0.9
五级(≥1750)	0.8	0.9	1.0

河网密度一定程度上反映了一个地区的降水量与下垫面条件，它对暴雨灾害危险性有较大影响。河网密度可以间接反映暴雨灾害危险性的相对大小，即河网密度高的地方，遭遇暴雨

洪水的可能性较大。河网密度(km/km²)分布图是根据河流长度和河流流域面积,通过 ArcGIS 软件中栅格计算器计算而绘制,其空间分辨率为 1 km×1 km。按河网密度大小可划分为(很高≥2.8、高[2.4,2.8)、中[2.0,2.4)、低[1.6,2.0)、很低<1.6)5 个级别(图 3-6)。

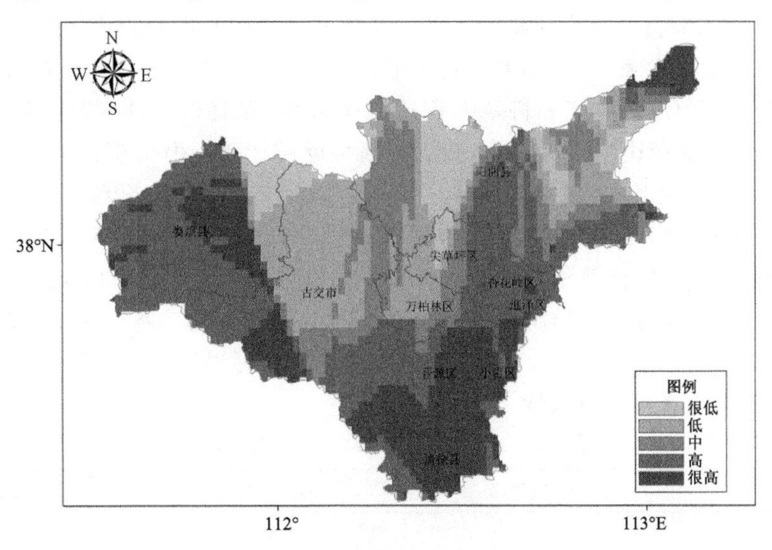

图 3-6 太原市暴雨河网密度因子敏感性区划图(单位:km/km²)

通过综合分析,地形与河网密度因子权重比例相当,在孕灾环境敏感性中各占 0.5,借助于 ArcGIS 软件,通过自然断点和加权平均法,按照造成暴雨灾害敏感性综合指数大小,划分为很高(≥0.81)、高[0.61,0.81)、中[0.51,0.61)、低[0.41,0.51)、很低(<0.41)5 个级别,得到孕灾环境敏感性区划图(图 3-7),其空间分辨率为 1 km×1 km,由图可以看出,敏感性等级很高的区域位于地势较低的盆地内,相对集中在迎泽、杏花岭、小店、晋源东部和清徐东部;敏感性高的区域主要分布在阳曲县东部、娄烦东部、古交南部和清徐西北部。

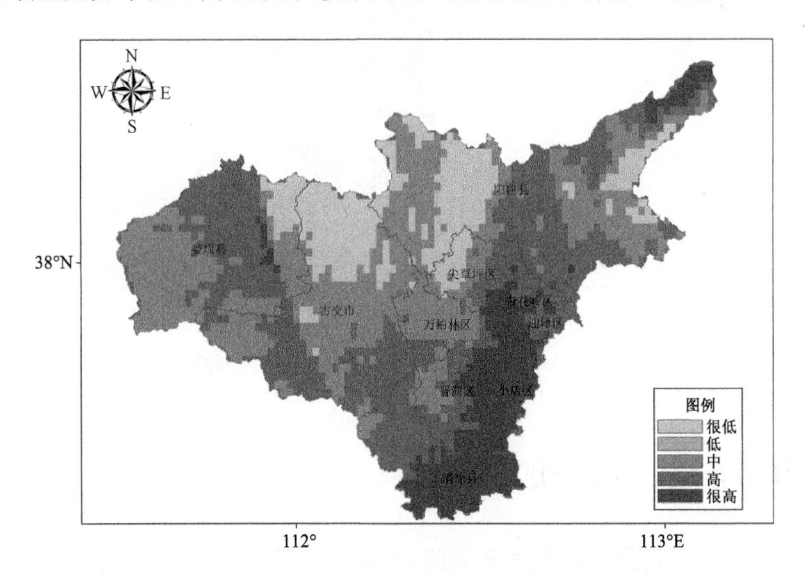

图 3-7 太原市暴雨孕灾环境敏感性区划图

3.4 承灾体易损性分析及区划

承灾体易损性主要指可能受到灾害威胁的所有生命财产的损失程度，与该地区的人口和财产集中程度有很大的关系，人口和财产越集中，易损性越高，气象灾害风险越大。因此，易损性主要考虑人口密度、GDP 密度和耕地面积比三个方面，在其他条件相同的情况下，人口密度、GDP 密度和耕地面积比越大，则暴雨造成的损失就越严重。但由于各个因子对暴雨灾害的影响程度大小不同，故其权重系数也不同，综合考虑太原市实际情况和专家打分，对人口密度、GDP 密度和耕地面积比 3 个因子的权重系数（表 3-5）分别赋值为 0.5、0.3、0.2，通过 ArcGIS 软件进行叠加后，采用自然断点法得到承灾体的易损性区划图（图 3-8），其空间分辨率为 1 km×1 km，按各因子易损性综合指数大小划分为很高（≥0.73）、高[0.63，0.73）、中[0.53，0.63）、低[0.37，0.53）、很低（<0.37）5 个级别。由图 3-8 可以看出，在迎泽、小店、杏花岭易损性风险很高，其余地区则相对较低。

表 3-5　太原市易损性因子权重系数表

易损性因子	人口密度	GDP 密度	耕地面积比
权重系数	0.5	0.3	0.2

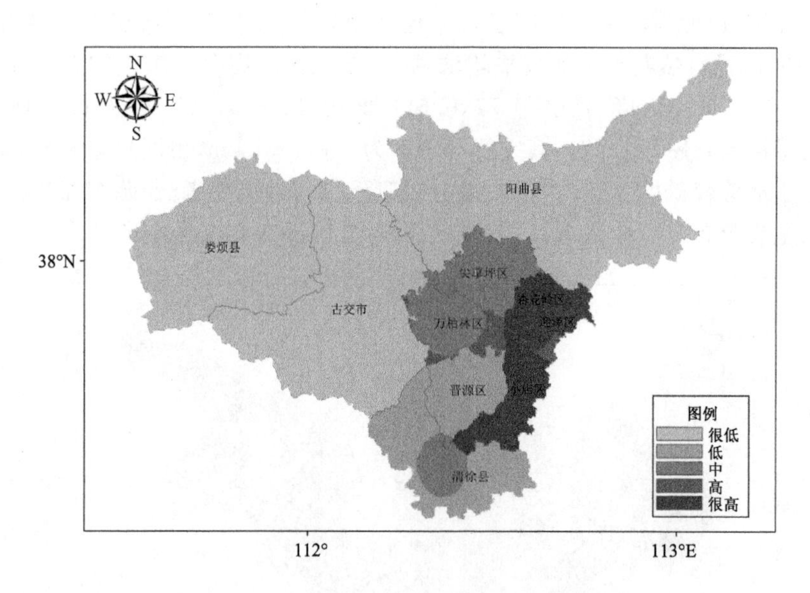

图 3-8　太原市承灾体暴雨灾害易损性区划图

3.5 防灾减灾能力分析及区划

防灾减灾能力主要是指受灾区对灾害的防御、应急处置能力和灾后的恢复能力。包括灾害的预报预警能力、人工影响天气能力、应急管理能力、减灾投入资源准备等。防灾减灾能力高低决定着在灾害中所受损失的大小，在相同的灾害条件下，防灾减灾能力越高，遭受的损失越小，其气象灾害风险也就越小。考虑到各县(市、区)预报预警能力、人工影响天气能力、应急管理能力差别不大，而国民生产总值则直接或间接地影响着政府在防灾减灾建设中投入的多少，从而影响着防灾减灾能力的强弱，故防灾减灾能力区划主要考虑人均 GDP 的大小。图 3-9是太原市防灾减灾能力区划图，可以看出，迎泽区、小店区、杏花岭区人均 GDP 很高，这些区域在防灾减灾能力方面相对较强，但其在暴雨灾害面前依旧不能满足防灾减灾的需求。尖草坪区、万柏林区、清徐县人均 GDP 中等；阳曲县、晋源区、古交市、娄烦县等地人均 GDP 不高，间接影响着防灾减灾能力。

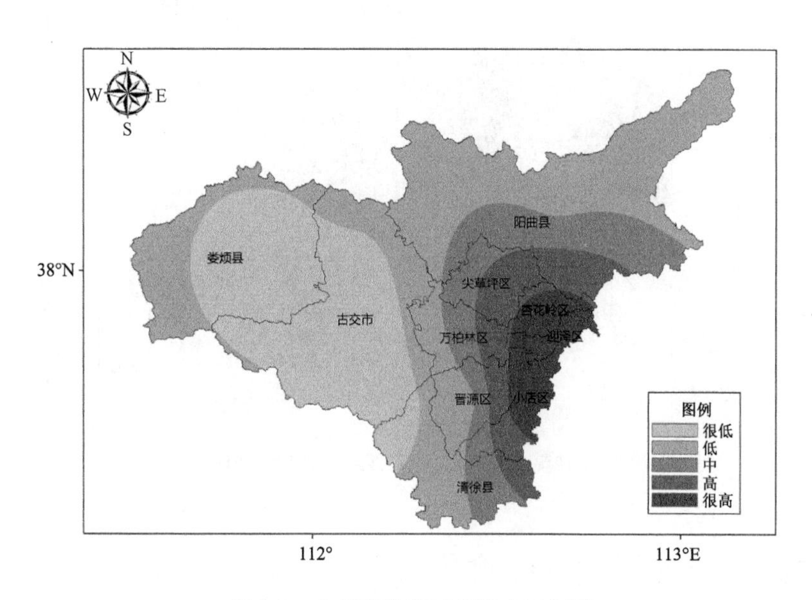

图 3-9 太原市防灾减灾能力区划图

3.6 暴雨灾害综合风险区划与分析

3.6.1 暴雨灾害风险指数评估模型

根据太原市实际情况和专家的评估打分，建立太原市暴雨灾害风险指数评估模型：

$$DRI=(HW_h)(EW_e)(VW_v)(RW_r)[0.1(1-a)R+a] \tag{3.1}$$

式中，DRI 是灾害风险指数；H、E、V、R 分别表示致灾因子危险性、孕灾环境敏感性、承灾体易损性和防灾减灾能力四个因子，W_h、W_e、W_v、W_r 表示相应的权重系数，通过专家打分，分别赋值 0.5、0.2、0.2、0.1；a 为常数，用来描述防灾减灾能力对于减少总的 DRI 所起的作用，考虑太原市的实际情况，取值 0.5。

3.6.2 暴雨灾害综合风险区划与分析

基于灾害风险指数评估模型，借助 ArcGIS 软件，通过空间分析工具和栅格计算器，将致

灾因子危险性、孕灾环境敏感性、承灾体易损性和防灾减灾能力四个因子按照各自的权重系数做栅格计算叠加，根据暴雨灾害综合风险指数大小划分为很高(≥0.73)、高[0.65,0.73)、中[0.57,0.65)、低[0.48,0.57)、很低(<0.48)5个级别，最后得到太原市暴雨灾害综合风险区划图(彩图3-10)，其空间分辨率为1 km×1 km，可以看出太原市暴雨灾害风险总体呈东高西低的分布，迎泽、小店、尖草坪、杏花岭、万柏林暴雨灾害风险很高，晋源大部、阳曲中部、清徐东北部暴雨灾害风险高，其他区域风险相对较低。

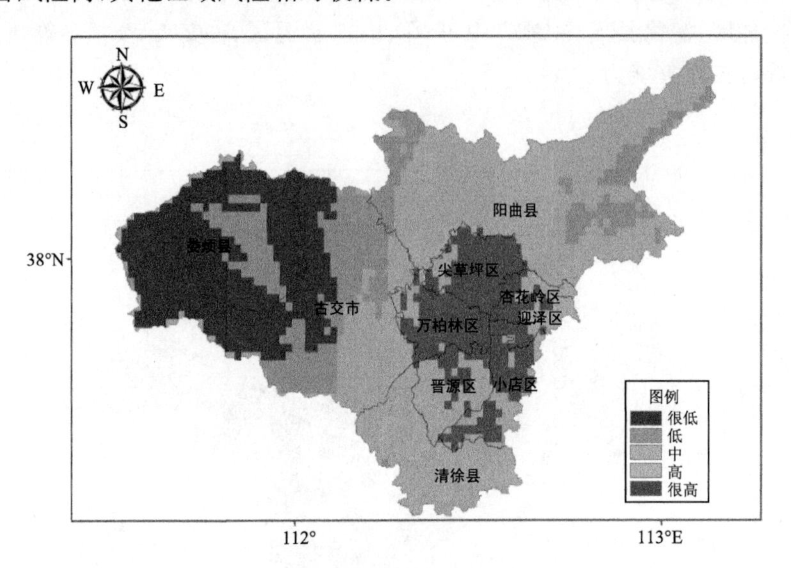

图 3-10　太原市暴雨灾害综合风险区划图

3.7　二青会场馆暴雨灾害风险分析

彩图3-11为二青会太原赛区比赛场馆分布图。依场馆所在的地理位置将其分为7个场馆区，分别为晋源场馆区、小店场馆区、万柏林场馆区、尖草坪场馆区、迎泽场馆区、阳曲场馆区、清徐场馆区；依据场馆所在区域气象灾害综合风险区划结果，确定各场馆气象灾害风险评估等级(下同)。

依据彩图3-10暴雨灾害综合风险区划图，评定小店场馆区、万柏林场馆区、尖草坪场馆区、迎泽场馆区暴雨灾害风险等级为很高；晋源场馆区、阳曲场馆区、清徐场馆区暴雨灾害风险等级为高。

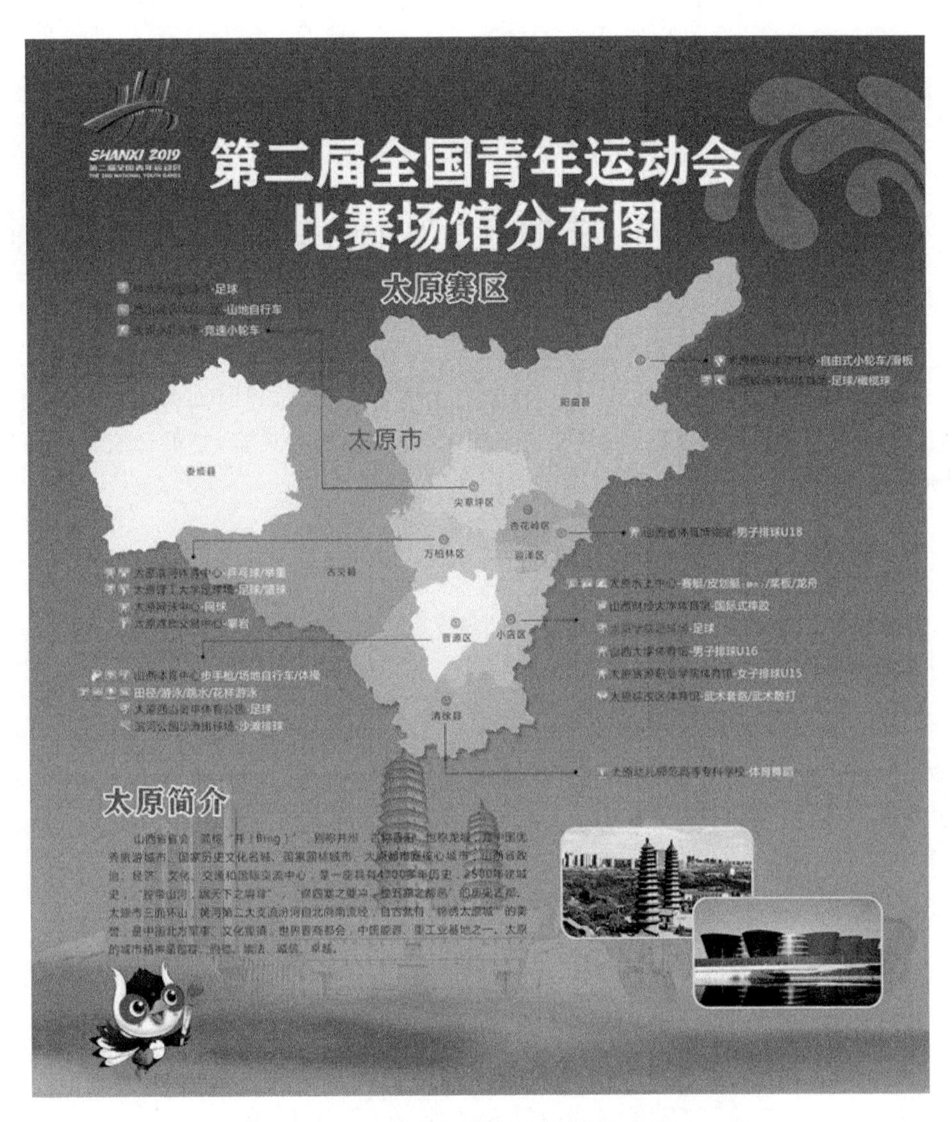

图 3-11　二青会太原赛区比赛场馆分布图

3.8　暴雨灾害风险评估结论

二青会期间，太原市暴雨灾害风险很高；历史同期出现暴雨的可能性为 E 级，暴雨强度等级为五级，即二青会期间各项活动遭受暴雨灾害威胁的可能性很大。对二青会场馆而言，小店场馆区、万柏林场馆区、尖草坪场馆区、迎泽场馆区暴雨灾害风险很高；晋源场馆区、阳曲场馆区、清徐场馆区暴雨灾害风险高。

第4章　短时强降水灾害风险评估

短时强降水(降水量≥20 mm/h)是夏季常见的灾害性天气,短时间内集中出现的大量降水常因排水不畅引发城市低洼路段、立交桥下积水,地面崩塌等灾害,给城市交通和市民生命财产造成严重影响。

4.1　短时强降水时空分布特征

4.1.1　短时强降水天气的时间分布

1981—2018年38年间,太原市的短时强降水最早出现在5月10日,最晚结束于10月24日,年均4次;但其年际变化较大,最多年出现9次(1992年),有3年(1981年、1993年和2010年)雨强均小于20 mm/h(图4-1)。

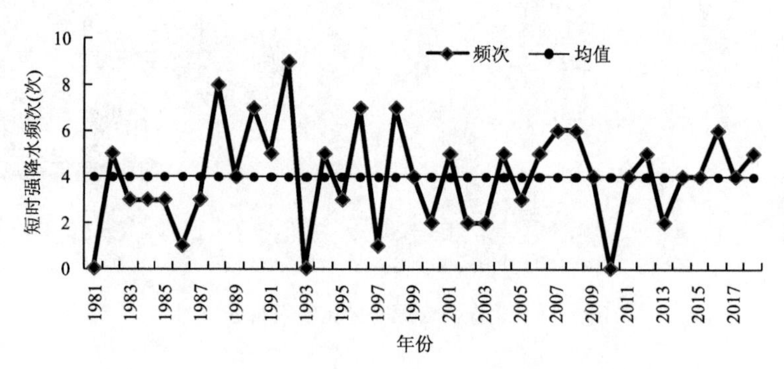

图4-1　1981—2018年太原市短时强降水频次的年际变化

太原市短时强降水主要集中在6—8月,约占年总次数的92.1%;7月发生频次最高,8月次之,8月发生的短时强降水占年总频次的36.2%。

1981—2018年太原持续时间超过1小时的短时强降水约占过程总数的7.8%,主要出现在7—8月,8月份相对较多,占比为5.7%;其他月份没有出现过连续2小时及以上的短时强降水过程。

由图4-2可见,二青会期间8月上中旬短时强降水最易发生,尤其是1日、5日、9—16日;下旬出现短时强降水的频次普遍偏低,只有25日出现了1个峰值。

从太原市8月短时强降水分时频次变化图来看(图4-3),短时强降水多发生在02—04时、

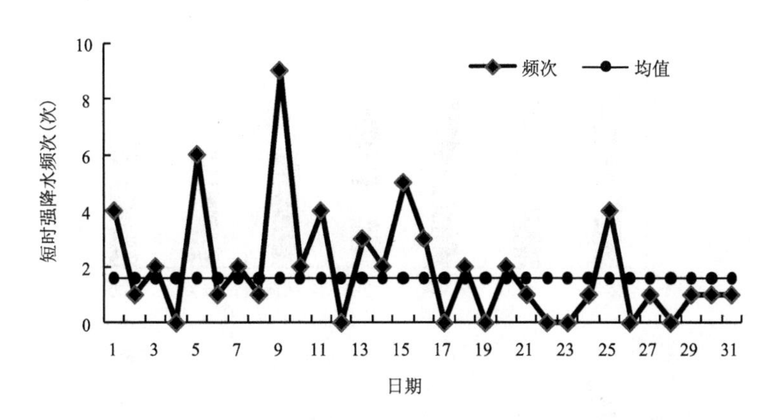

图 4-2　1981—2018 年 8 月太原市逐日短时强降水频次变化

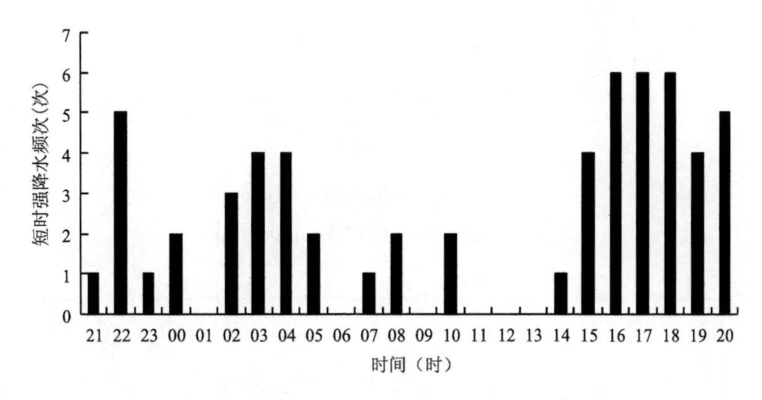

图 4-3　1981—2018 年 8 月太原市短时强降水分时频次变化

15—20 时、22 时，凌晨和上午出现频次较少。需要指出的是，虽然历史上 8 月 8 日二青会开幕日只出现过一次短时强降水，发生概率极小，但其出现在 19—20 时开幕式开始时，且以 60 mm/h的极端雨强出现在山西省体育中心所在区域，应当引起足够重视，一旦出现势必对开幕式造成极大影响，须重点防范。

4.1.2　短时强降水天气的空间分布

太原市短时强降水呈现明显的城区多于县区的空间分布特征(图 4-4a)；单站出现的短时强降水占过程总数的 80.9%，2 站同日出现的短时强降水占比为 15.8%，无 5 个以上站点同日出现的短时强降水过程(图 4-4b)，降水的局地特征显著。

8 月，太原短时强降水日数的空间分布无明显的区域差异，各地出现的频次相差不大；但局地特征更加显著，单站短时强降水的占比约为 92.7%，无同日出现 3 站及以上的短时强降水过程(图略)。但短时强降水的最大雨强的空间分布却有明显的不同(图 4-5)，在阳曲县南部、城区南部、古交东南部分别有一大值中心，特别是城区南部小店、晋源区的极值也是年短时强降水的极值，应引起相关部门足够重视。

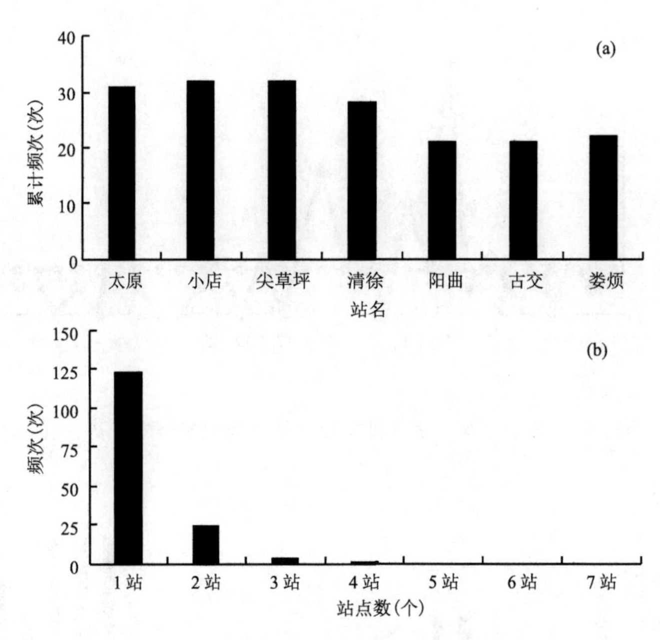

图 4-4　1981—2018 年太原市短时强降水过程频次(a)及出现范围(b)统计图

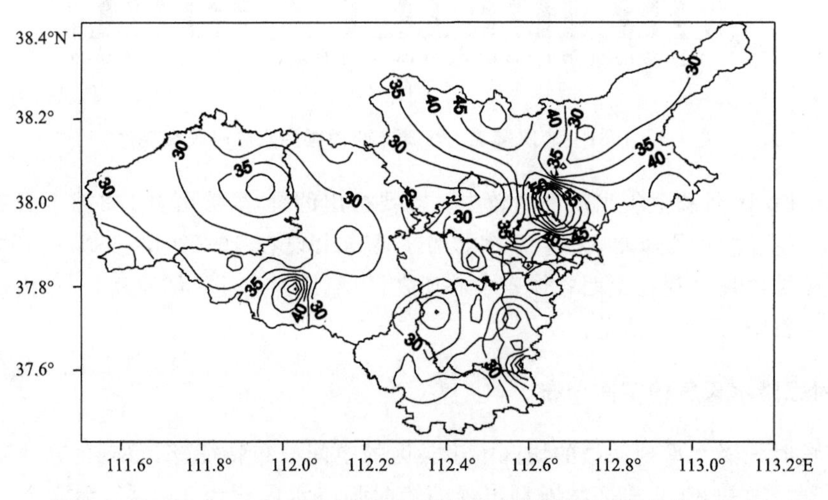

图 4-5　1981—2018 年 8 月太原市短时强降水极值分布图(单位:mm/h)

4.2　短时强降水灾害的危险性分析

短时强降水灾情调查和民政部门的灾情报告显示,短时强降水发生的频次高和强度强是各地短时强降水致灾的主要原因。气象部门常用 1 小时降水量来定义短时强降水的强度。因此,二青会期间短时强降水天气的危险性的分析评估将各地短时强降水发生的频次和 1 小时降水极值作为致灾因子。

4.2.1　短时强降水灾害的可能性分析

用1小时强降水发生频次的高低来反映短时强降水天气发生的可能性。根据太原市1981—2018年短时强降水统计资料，按月平均频次将短时强降水发生的可能性分为5级(表4-1)。

表4-1　太原市地区短时强降水可能性等级划分标准表(单位:次)

可能性等级	可能性很小A	可能性小B	有可能C	可能性大D	可能性很大E
平均频次(次)	<0.2	[0.2,0.5)	[0.5,1.0)	[1.0,1.5)	≥1.5

1981—2018年二青会期间，太原市出现短时强降水过程55次，平均频次1.45次，可能性等级为D级，出现暴雨的可能性大。

4.2.2　短时强降水灾害的严重性分析

短时强降水灾害的致灾因子是降水强度，综合分析太原市历次强降水过程中雨强的大小及其造成灾害损失的情况，按过程中1小时降水量极值的大小将短时强降水分为5级，其严重性含义见表4-2。

表4-2　太原市短时强降水严重性等级划分标准表(单位:mm)

短时强降水等级	一级	二级	三级	四级	五级
严重性含义	轻	一般	较严重	严重	很严重
日最大降水量	[20,25)	[25,30)	[30,35)	[35,50)	≥50

统计分析8月份太原市出现的短时强降水过程可知，城区短时强降水的等级普遍较县区高，三级以上的强降水主要出现在城区，四级和五级强降水无一例外出现在城区，极大值达60 mm，出现在1999年8月8日19时，也是太原市历史上1小时降水量极值。极端的短时强降水造成了严重的城市内涝、市区交通一度瘫痪。综合分析，8月短时强降水等级为五级，很严重。二青会开幕式将在8月8日举行，应特别关注短时强降水可能产生的影响。

4.2.3　短时强降水灾害风险等级评估

综合短时强降水可能性与严重性分析，按照表3-3灾害天气风险等级判别，评定二青会期间太原市短时强降水天气风险等级为高，遭受短时强降水灾害的威胁大，应加强应急预案的制定等防范工作。

4.2.4　短时强降水致灾因子的危险性区划

对太原各县(市、区)8月平均短时强降水频次和1小时降水量极值资料进行标准化处理；应用灾情数据的空间分布，多次进行数值模拟试验，综合分析，二者的权重比例在致灾因子中分别占0.67和0.33。在ArcGIS 10.0环境下，采用普通克里金插值方法和栅格计算器进行空间和参差分析，再应用自然断点法将短时强降水灾害致灾因子划分为很高(≥0.80)、高[0.70,0.80)、中[0.60,0.70)、低[0.49,0.60)、很低(<0.49)5个等级，得到太原市短时强降水的致灾因子危险性区划图(空间分辨率为1 km×1 km)。由图4-6可知，尖草坪、万柏林、杏花岭、小店、迎泽区东部、阳曲南部短时强降水致灾因子危险性很高；清徐县东部、阳曲县西部短时强降水致灾因子危险性高。

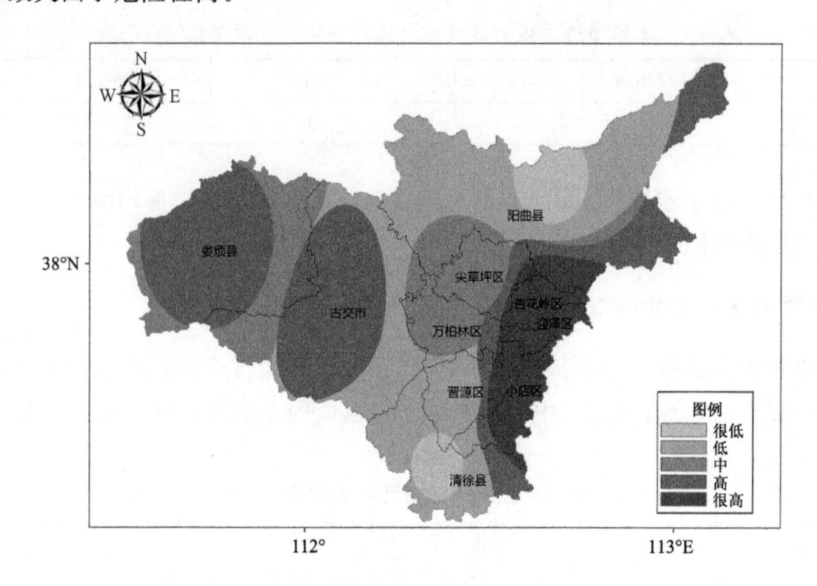

图4-6 太原市短时强降水致灾因子危险性区划图

4.3 孕灾环境敏感性分析和区划

孕灾环境主要指自然环境，在同样的短时强降水条件下，不同的自然环境会有不同的受灾风险性。从影响短时强降水成灾的条件和机理出发，孕灾环境主要包括：地形、地质环境、河网密度、设施农业等因子。本研究重点关注地形因子、地质环境因子和河网密度因子。敏感性也主要考虑了地形、地质环境和河网密度对短时强降水致灾的影响程度。

地形与短时强降水灾害危险程度密切相关。一般认为，地形对导致短时强降水灾害的影响主要表现在两个方面：高程及地形起伏程度。高程越低，地形起伏越小，越容易发生短时强降水灾害。地势采用高程表示，可直接从数据中提取，地形起伏采用高程标准差表示，即用每个栅格点与周围8个栅格点的高程标准差来表示地形起伏。在地形因子中，高程越低，相对高程标准差越小，短时强降水灾害危险程度越高。

根据太原市实际情况及数字地形高程，在GIS软件中将全市海拔分为5级，地形标准差分为3级，按照高程越低，高程标准差越小，综合地形因子系数越大，表示越容易形成短时强降水灾害的地形因子与短时强降水灾害危险程度关系赋值地形因子系数，得到短时强降水地形因子敏感性区划图(图4-7)，其空间分辨率为1 km×1 km。

河网密度在一定程度上反映了一个地区的降水量与下垫面条件，它对短时强降水灾害危险性有较大影响。河网密度可以间接反映短时强降水灾害危险性的相对大小，即河网密度高

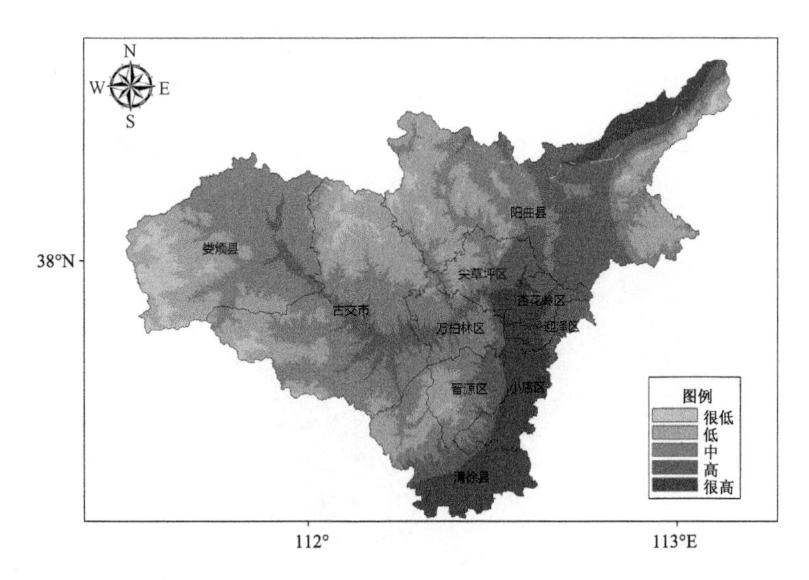

图 4-7　太原市短时强降水地形因子敏感性区划图

的地方，遭遇短时强降水洪水的可能性较大。河网密度（km/km^2）分布是根据河流长度和河流流域面积，通过 ArcGIS 软件中栅格计算器计算而得到。

在相同的短时强降水频次和极值条件下，不同的地质环境条件将导致不同程度的灾害发生。太原市国土资源部门根据太原市的地质环境条件，将太原地质灾害分为不易发、低易发、中易发、高易发 4 个级别（图略）。

孕灾环境敏感性的计算综合考虑地形因子、河网密度因子和地质环境因子。应用灾情数据的空间分布，进行多次数值模拟试验，通过综合分析，三者的权重比例为 0.4，0.3，0.3，借助于 ArcGIS 软件，通过自然断点和加权平均法，按照造成短时强降水灾害敏感性综合指数大小，划分为：很低[0.20，0.43）、低[0.43，0.54）、中[0.54，0.65）、高[0.65，0.83）、很高[0.83，1.00] 5 个级别，得到空间分辨率为 1 km×1 km 的孕灾环境敏感性区划图（图 4-8）。由图可以看出，敏感性等级高的区域位于地势较低的平原和盆地内，相对集中在太原市的南部。

4.4　承灾体易损性分析及区划

承灾体的自然状况决定了短时强降水造成的危害程度。评价区域内遭受短时强降水的损失大小与该区域人口和财产的集中程度相关。人口和财产越集中，易损性越高，可能遭受短时强降水灾害的风险就越大。因此，把人口密度、GDP 密度和耕地面积作为易损性分析的主要因子。由于三个因子对短时强降水灾害的影响程度不同，故采用不同的权重系数。根据太原市的实际情况，采用专家打分等综合分析方法，对人口密度、GDP 密度和耕地面积比 3 个因子的权重系数分别赋值为 0.53、0.26、0.21。在此基础上，依次采用 ArcGIS 软件中叠加、自然断点法等获得空间分辨率为 1 km×1 km 的承灾体易损性区划图。按照易损性综合指数大小划分为：很低[0.20，0.29）、低[0.29，0.49）、中[0.49，0.68）、高[0.68，0.83）、很高[0.83，0.95] 5 个级别（图 4-9）。图 4-9 表明，迎泽区短时强降水易损性很高；杏花岭、小店短时强降水易损

性高；其余地区则较低。

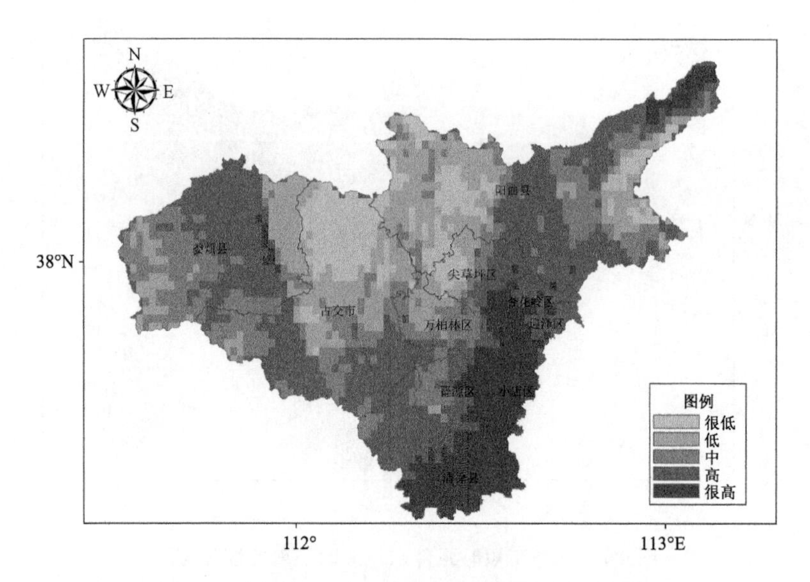

图 4-8　太原市短时强降水孕灾环境敏感性区划图

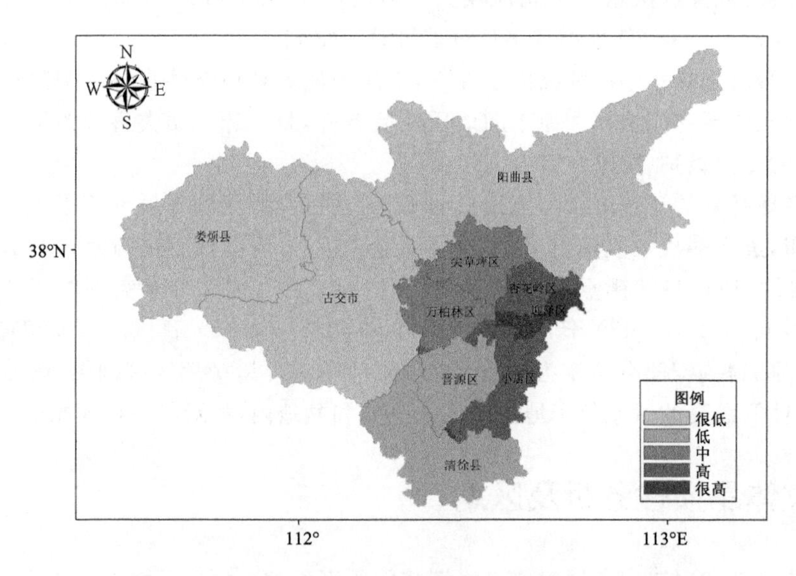

图 4-9　太原市承灾体短时强降水灾害易损性区划图

4.5　防灾减灾能力分析及区划

受灾区域对灾害的抵御能力以及在一定时间内能够从灾害中恢复的程度体现了该区域的防灾减灾能力。当短时强降水引发的灾害不可避免时，人的主观能动性及防灾减灾措施的有效实施是非常重要的，此时防灾减灾能力的高低和大小决定着受灾区域在灾害中所受损失的大小。由于人均 GDP 值间接或直接地影响着政府在防灾减灾工程等基础设施建设方面的投资，从而影响防灾减灾能力的强弱（图略）。

4.6　短时强降水灾害综合风险区划与分析

4.6.1　短时强降水灾害风险指数评估模型

采用加权综合评价法，依据自然灾害数学公式 $D=f(H,S,V,R)$，并根据短时强降水灾害评价指标体系，建立太原市短时强降水灾害风险指数模型。

$$D=(VH^{wh})(VS^{ws})(VV^{wv})(VR^{wr}) \tag{4.1}$$

式中，D 表示灾害风险指数；VH、VS、VV、VR 分别表示致灾因子危险性、孕灾环境敏感性、承灾体易损性和防灾减灾能力；wh、ws、wv、wr 分别表示相应的权重系数；各因子对短时强降水灾害的影响程度大小决定了其权重系数的大小。因此，应用灾情数据的空间分布，进行多次数值模拟试验和综合分析，最终将 wh、ws、wv、wr 分别赋值为 0.52、0.2、0.18、0.10。

4.6.2　短时强降水灾害综合风险区划与分析

利用 ArcGIS 10.1 软件，在太原市短时强降水灾害风险指数评估模型建立的基础上，对致灾因子危险性、孕灾环境敏感性、承灾体易损性和防灾减灾能力四个因子，按照权重系数大小进行栅格计算叠加和空间分析，将短时强降水灾害综合风险指数划分为很低[0.31，0.46)、低[0.46，0.55)、中[0.55，0.61)、高[0.61，0.71)、很高[0.71，0.85)5 个级别；得到空间分辨率为 1 km×1 km 的太原市短时强降水灾害综合风险区划图（彩图 4-10）。可以看出，杏花岭、小店、迎泽区位于短时强降水灾害综合风险很高区域；万柏林大部、尖草坪东部、晋源东部、清徐东部、古交西南部短时强降水灾害风险高；其他区域风险相对较低。

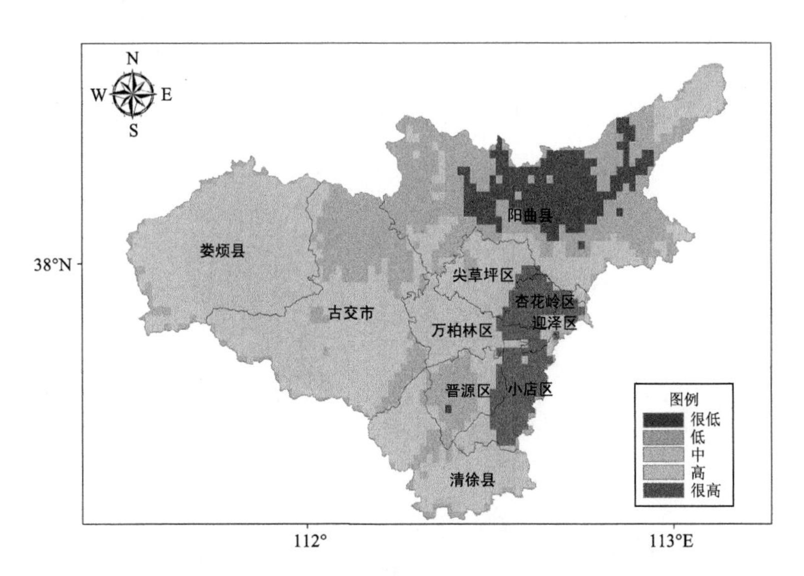

图 4-10　太原市短时强降水灾害综合风险区划图

4.7 二青会场馆短时强降水灾害风险分析

依据短时强降水灾害综合风险区划（彩图 4-10），评定小店场馆区、迎泽场馆区短时强降水灾害风险等级为很高；万柏林场馆区、尖草坪场馆区、晋源场馆区、清徐场馆区暴雨灾害风险等级为高；阳曲场馆区短时强降水灾害风险等级为中等。

4.8 短时强降水灾害风险评估结论

二青会期间，太原市短时强降水灾害风险高；历史同期出现短时强降水的可能性为 D 级，短时强降水严重性等级为五级，即二青会期间各项活动受短时强降水灾害影响的可能性大。对二青会场馆而言，小店场馆区、迎泽场馆区短时强降水灾害风险等级为很高；万柏林场馆区、尖草坪场馆区、晋源场馆区、清徐场馆区短时强降水灾害风险等级为高；阳曲场馆区短时强降水灾害风险等级为中等。

第 5 章　雷暴灾害风险评估

雷暴是指在对流云云中、云间或云地之间产生的放电现象，表现为闪电兼有雷声。雷暴灾害一般以直击雷的形式造成人员伤亡、建筑物损毁、微电子设备故障，是太原市常见的气象灾害之一，被称为“电子时代的一大公害”。

5.1　雷暴时空分布特征

5.1.1　雷暴天气的时间分布

太原市年平均雷暴日数 31.6 天，出现在 3—11 月，主要集中发生在 6—8 月，占年雷暴总日数的 75.2%。图 5-1 为各月雷暴平均频次分布图，可见 7 月最易发生，6 月次之，8 月排第 3 位，3 月、11 月发生的概率很小，12 月至次年 2 月没有雷暴天气出现。

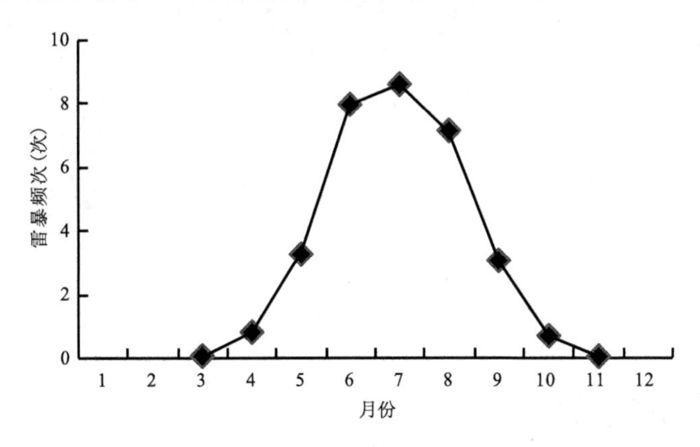

图 5-1　1979—2013 年太原市逐月雷暴平均频次分布

1979—2013 年逐时平均雷暴频次分布表明(图 5-2)，雷暴可出现在一天中的任何时候，多发于 13—23 时，占雷暴总日数的 84.8%，20 时最易发生，15—16 时次之。

二青会期间，8 月份平均雷暴日 12.5 天，分时统计显示，雷暴多发于 14—22 时，20 时最易发生。

5.1.2　雷暴天气的空间分布

太原市各地年均雷暴日数无明显差异，但雷暴天气过程中雷暴覆盖范围与雷电强度均呈

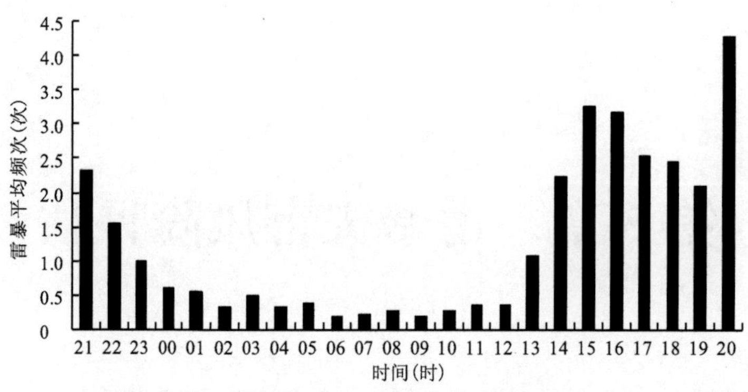

图 5-2　1979—2013 年太原市逐时平均雷暴频次分布

现显著的区域特征。二青会期间，局地雷暴占比仅 20.6%；雷电强度呈现东强西弱的空间分布，强雷电主要位于城六区、阳曲县的东北部与西部、古交西南局部(图 5-3)。

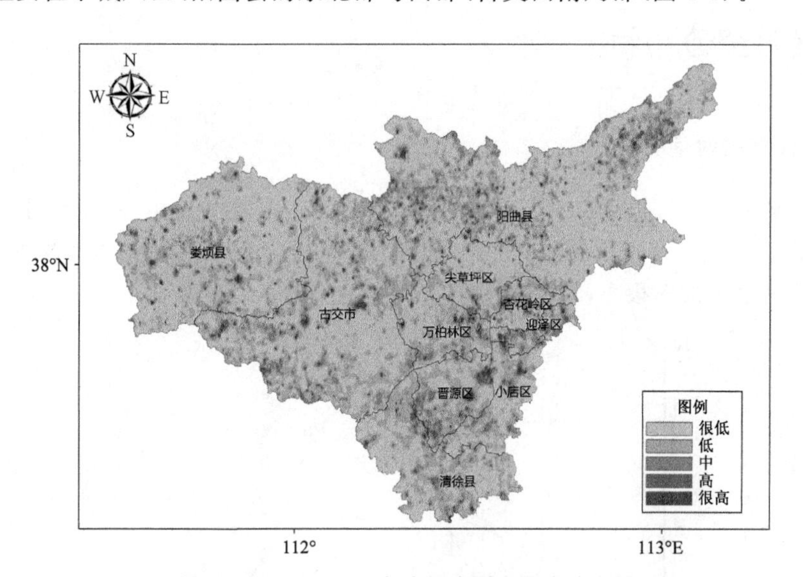

图 5-3　2009—2018 年太原市雷电强度分布图

5.2　雷暴灾害的危险性分析

雷暴灾害的致灾因子是雷电强度和雷电面密度，雷电强度越大，面密度越高，雷电的破坏性就越大，其灾害风险就越高。因此，雷暴灾害的危险性分析评估主要考虑雷电强度和雷电面密度两方面因素。

5.2.1　雷暴灾害的可能性分析

雷电面密度是指单位面积内所发生的雷击大地的年平均次数，反映雷电活动的自然规律。某区域的雷电面密度大，说明该区域雷电活动频繁，致灾因子活跃，发生雷暴灾害的风险大。其计算公式为：

$$D = 0.024T_s^{1.3} \tag{5.1}$$

式中，D 表示雷电面密度（次/（km^2 · a）），T_s 为月平均雷暴日数。

根据太原市实际情况，依雷电面密度的大小将雷暴发生的可能性划分为 5 级（表 5-1）。

表 5-1　太原市雷暴可能性等级划分标准表（单位：次/（km^2 · a））

可能性等级	可能性很小 A	可能性小 B	有可能 C	可能性大 D	可能性很大 E
平均面密度	<0.05	[0.05,0.20)	[0.20,0.50)	[0.50,0.75)	≥0.75

二青会期间，太原平均雷暴日数 12.5 天，雷电面密度 0.64 次/（km^2 · a），可能性等级为 D 级，出现雷暴的可能性大。

5.2.2　雷暴灾害的严重性分析

根据 2005—2018 年闪电定位仪所获取的雷电强度资料，参照 WMO 推荐的数值，按百分位数分别确定不同等级对应的电流强度阈值；由此确定各级电流强度范围，将雷暴灾害等级分为 5 级，其严重性含义见表 5-2。

表 5-2　太原市雷暴严重性等级划分标准表（单位：kA）

雷暴等级	一级雷暴	二级雷暴	三级雷暴	四级雷暴	五级雷暴
严重性含义	轻	一般	较严重	严重	很严重
百分位(%)	[60,80)	[80,90)	[90,95)	[95,98)	≥98
雷电强度阈值	25.21	34.56	43.81	54.41	71.20

2005—2018 年雷电强度资料的统计表明，太原市雷电强度在 0.4～374.4 kA，≥50 kA的频次仅占总频次的 6.7%，≥100 kA 的频次占比不足 1%，说明太原的雷电强度整体较弱。相较而言，8 月太原市雷电强度最强，按表 5-2 等级划分标准，各级雷电强度均超出临界阈值，雷暴灾害的等级为五级，很严重。

5.2.3　雷暴灾害风险等级评估

由于本研究获取的雷电强度资料序列较短，随机性较大，而雷电面密度由雷暴日数计算而得，有 35 年的资料，为求取计算评估结果的稳定与可靠，雷电面密度和雷电强度在致灾因子危险性分析计算中的权重比确定为 2∶1。

综合分析雷暴灾害的可能性与严重性，按照表 3-3 灾害性天气风险等级判别指标，评定二青会期间太原市雷暴天气引发的灾害风险等级为高。

5.2.4　雷暴致灾因子的危险性区划

按照雷电面密度和雷电强度 2∶1 的权重，对两个致灾因子进行归一化，加权综合，利用普通克里金(Kriging)内插法将站点致灾因子指数插值成全市范围的栅格面状数据，最后采用 GIS 软件中自然断点法进行等级划分，得到雷暴灾害致灾因子危险性区划图。由图 5-4 可见，雷暴致灾因子高危险区分布在太原城六区、阳曲县、娄烦县，古交市大部雷暴危险性低。

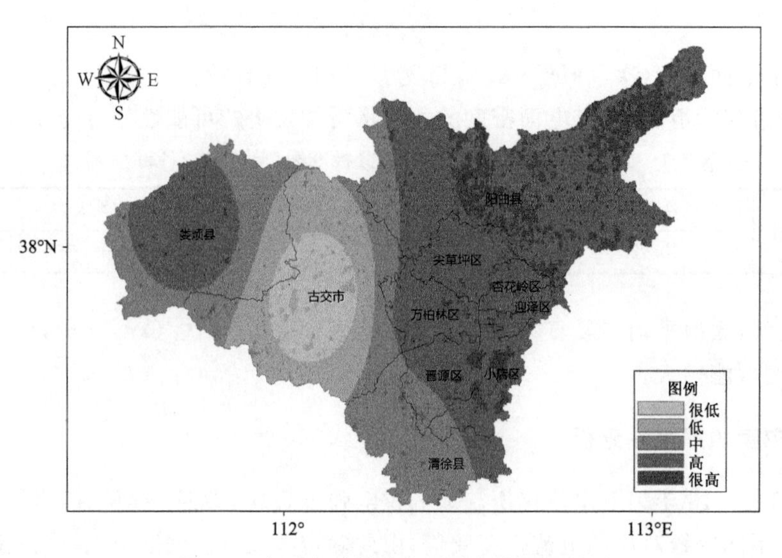

图 5-4　太原市雷暴致灾因子危险性区划图

5.3　孕灾环境敏感性分析及区划

针对雷暴灾害发生的特点，孕灾环境敏感性主要与地形（海拔高度、地形标准差）、水系以及土壤电导率等要素有关。地形对雷电灾害的影响主要体现在海拔高度及地形标准差，地势越高、标准差越大，越容易孕育雷灾。根据太原市实际情况，在 GIS 软件中将全市海拔分为 5 级，地形标准差分为 3 级，按海拔越高，影响值越大，标准差越大，影响值越大的原则进行赋值，得到地形影响指数，按指数大小将其分为很高、高、中、低、很低 5 级，得到雷暴地形因子敏感性区划图（图 5-5）。

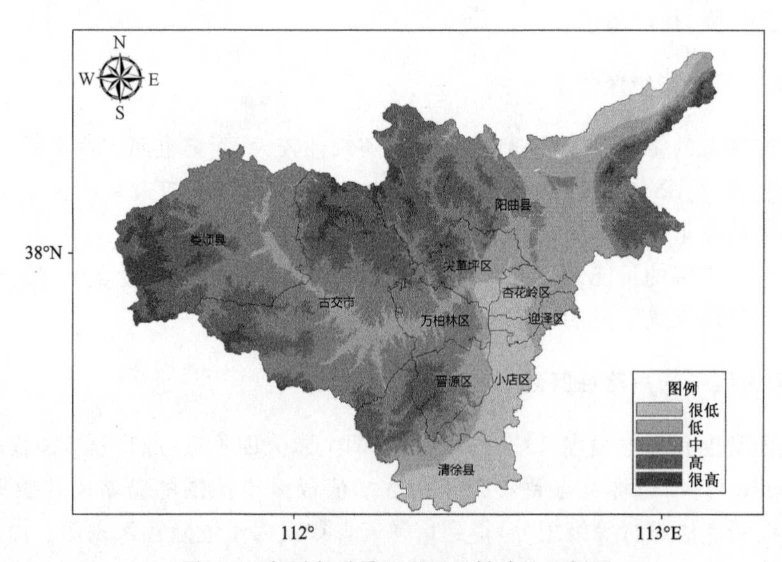

图 5-5　太原市雷暴地形因子敏感性区划图

由于自然水体是电导体，有水体或是距离水体较近的地方容易发生雷灾。水系影响指数主要通过分析河网密度来实现。河网越稠密，距离河流、湖泊、大型水库等水体越近的地方遭受雷电灾害的风险越大。分析河网密度得到水系影响指数分布（图 5-5），其值越大表示越容易遭受雷电灾害。

土壤电导率是表征土壤导电能力强弱的指标，土壤电导率越大，越容易孕育雷灾。但由于难以获取土壤导电率资料，故地形因子主要考虑了地形高程、地形高程标准差和河网密度等因子。

将地形高程、地形高程标准差及河网密度归一化后，通过专家打分、综合权重加权平均，计算得到各格点孕灾环境的敏感度。利用自然断点分级法划分为很高（≥0.75）、高[0.68，0.75）、中[0.52，0.68）、低[0.48，0.52）、很低（<0.48）5 个等级（图 5-6）。由图可见，太原市雷电灾害孕灾环境高敏感区主要分布在海拔在 1000 m 以上的山区。

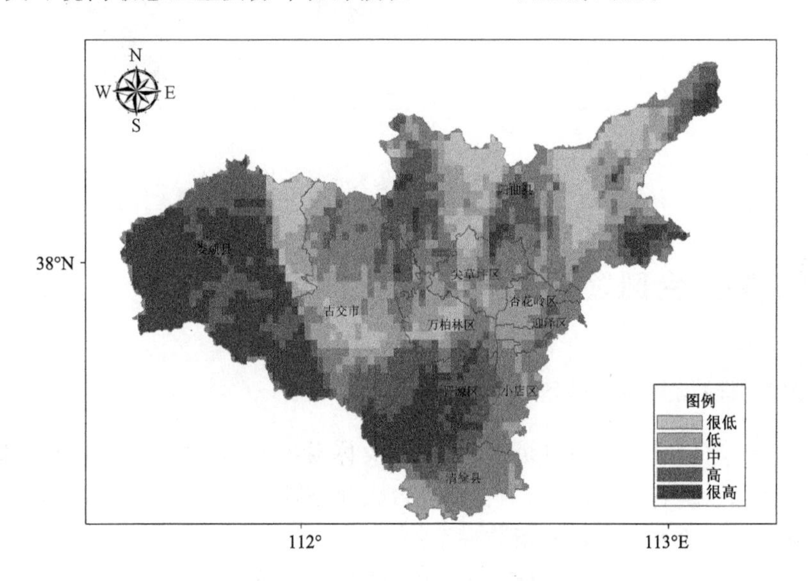

图 5-6 太原市雷暴灾害孕灾环境敏感性区划图

5.4 承灾体易损性分析及区划

承灾体易损性主要指可能受到雷暴等气象灾害威胁的所有人民生命财产的损失程度，这与该地区的人口和财产集中的程度有很大的关系，当人口和财产越集中，则易损性越高，可能遭受潜在损失越大，气象灾害风险越大。因此，易损性主要考虑人口密度、GDP 密度和耕地面积比三个方面，在其他灾害条件同样的条件下，人口密度、GDP 密度和耕地面积比越大，则雷暴造成的损失就越严重。但由于各个因子对雷暴灾害的影响程度大小不同，故其权重系数也不同，综合考虑太原市实际情况和专家打分，对人口密度、GDP 密度和耕地面积比 3 个因子的权重系数分别赋值为 0.5、0.3、0.2，通过 ArcGIS 软件进行叠加后，采用自然断点法得到承灾体的易损性区划图，其空间分辨率为 1 km×1 km，按各因子易损性综合指数大小划分为很高（≥0.77）、高[0.65，0.77）、中[0.55，0.65）、低[0.39，0.55）、很低（<0.39）5 个级别。由图 5-7 可以看出，太原城区东部易损性风险高；其他地区都较低。

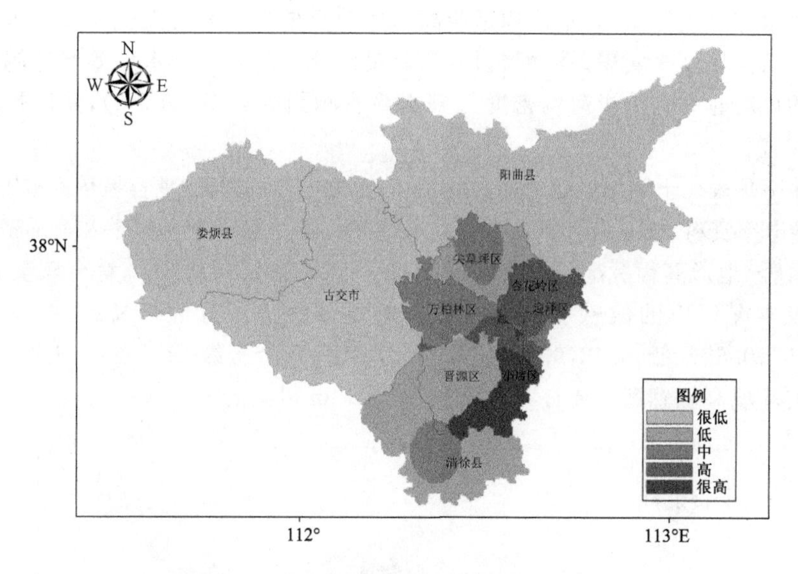

图 5-7　太原市承灾体雷暴灾害易损性区划图

5.5　雷暴灾害综合风险区划与分析

5.5.1　雷暴灾害风险指数评估模型

在分析致灾因子危险性、孕灾环境敏感性、承灾体易损性的基础上，还进行了防灾减灾能力的分析；并采用加权综合评价法，依据自然灾害数学公式 $D=f(H,S,V,R)$ 和雷暴灾害评价指标体系，建立太原市雷暴灾害风险指数模型：

$$D=(VH^{wh})(VS^{ws})(VV^{wv})(VR^{wr}) \tag{5.2}$$

式中，D 表示雷暴灾害风险指数；VH、VS、VV、VR 分别表示致灾因子危险性、孕灾环境敏感性、承灾体易损性和防灾减灾能力；wh、ws、wv、wr 分别表示相应的权重系数；各因子对雷暴灾害的影响程度大小决定了其权重系数的大小。通过专家打分，对 wh、ws、wv、wr 分别赋值 0.5、0.2、0.2、0.1。

5.5.2　雷暴灾害综合风险区划与分析

根据灾害风险指数评估模型，借助于 ArcGIS 软件，通过空间分析工具和栅格计算器，将致灾因子危险性、孕灾环境敏感性、承灾体易损性和防灾减灾能力四个因子按照各自的权重系数做栅格计算叠加，得到太原市雷暴灾害综合风险区划图，其空间分辨率为 1 km×1 km，将雷暴灾害风险综合指数大小划分为很高（≥0.65）、高[0.59，0.65）、中[0.53，0.59）、低[0.43，0.53）、很低（<0.43）5 个级别（彩图 5-8），可以看出，太原市雷暴灾害高风险区主要集中在城区、娄烦、阳曲中部和东北部。

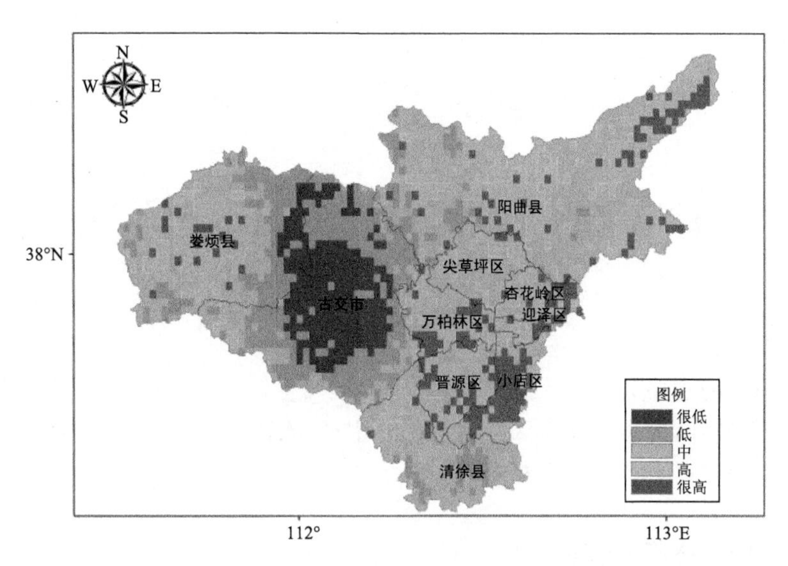

图 5-8　太原市雷暴灾害综合风险区划图

5.6　二青会场馆雷暴灾害风险分析

依据雷暴灾害可能性、严重性以及综合风险区划结果，评定小店场馆区、万柏林场馆区、迎泽场馆区雷暴灾害风险等级为很高；晋源场馆区、尖草坪场馆区、阳曲场馆区雷暴灾害风险等级为高；清徐场馆区雷暴灾害风险为中等。

5.7　雷暴灾害风险评估结论

二青会期间，太原市雷暴灾害风险高；历史同期出现雷暴的可能性为 D 级，雷暴严重性等级为五级，即二青会期间各项活动受强雷暴灾害影响的可能性大。对二青会场馆而言，小店场馆区、万柏林场馆区、迎泽场馆区雷暴灾害风险等级为很高；晋源场馆区、尖草坪场馆区、阳曲场馆区雷暴灾害风险等级为高；清徐场馆区雷暴灾害风险为中等。

第 6 章　冰雹灾害风险评估

冰雹是太原市的主要灾害性天气之一，每年都会发生。具有发生突然、持续时间短、局地性强、危害严重等特征，剧烈的冰雹天气对工农业生产、人民生命财产安全形成直接威胁，对人口密集分布的城市地区会产生严重影响。

6.1　冰雹时空分布特征

6.1.1　冰雹天气的时间分布

1979—2018 年太原市共出现冰雹过程 206 次，年均 5.2 次。近 40 年来，冰雹日数的年际变化较大，1979—1993 年呈上升趋势，之后的 35 年呈明显的减少趋势，1990 年、1993 年是冰雹多发年，冰雹日数分别达 15 天和 16 天；2010 年、2018 年则无冰雹出现(图 6-1)。

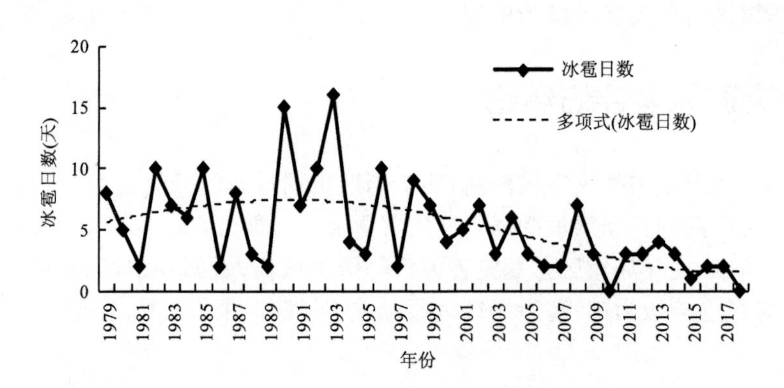

图 6-1　1979—2018 年太原市冰雹日数年际变化

太原市冰雹出现在 4—10 月，最早出现在 4 月 12 日，最晚 10 月 25 日；6—8 月是太原市冰雹最频繁的季节(图 6-2)，平均雹日 3.8 天，占年冰雹日数的 72.3%；成灾冰雹主要发生在 6—8 月，冰雹最大直径 4 cm。

二青会期间，1979—2018 年 8 月，太原市冰雹日共 43 天，平均为 1.1 天，占年总数的 20.9%。分时看，8 月份冰雹均出现在 13—22 时，以 14—18 时最易发生，占比 77.1%。

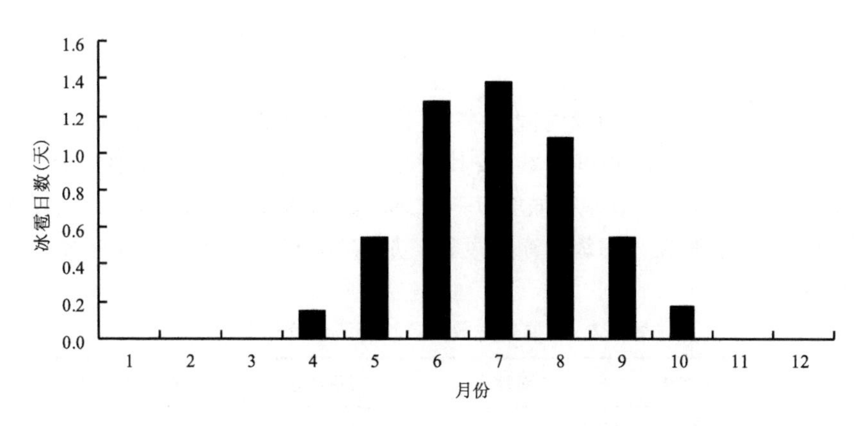

图 6-2　1979—2018 年太原市各月平均冰雹日数分布

6.1.2　冰雹天气的空间分布

统计冰雹过程的影响范围可知，近 40 年，太原市 83.0%的冰雹天气为单站冰雹，2 站同日出现冰雹的占比为 14.1%，3 站冰雹占比仅 2.4%，只有 1 次过程 4 站同时出现冰雹。

8 月份二青会期间，太原冰雹的局地特征更加突出，冰雹过程 88.4%为单站冰雹。统计二青会场馆所在区域历年 8 月的降雹情况，发现以尖草坪为代表的北部城区、阳曲县降雹日数最多，清徐次之，南部城区(以小店为代表)较少。

6.2　冰雹灾害的危险性分析

6.2.1　冰雹灾害的可能性分析

用冰雹发生频次来反映冰雹天气发生的可能性。根据太原市 1981—2018 年冰雹资料，按平均频次将冰雹发生的可能性分为 5 级(表 6-1)。

表 6-1　太原市冰雹可能性等级划分标准表(单位:次)

可能性等级	可能性很小 A	可能性小 B	有可能 C	可能性大 D	可能性很大 E
平均频次(次)	<0.1	[0.1,0.5)	[0.5,1.0)	[1.0,1.2)	≥1.2

1981—2018 年二青会期间，太原市出现冰雹过程 43 次，平均 1.1 次，可能性等级为 D 级，出现冰雹的可能性大。

6.2.2　冰雹灾害的严重性分析

冰雹灾害的致灾因子是冰雹的密度、直径和降雹的持续时间等，考虑到气象台站没有冰雹密度的观测记录，本研究将冰雹直径和持续时间作为致灾因子，二者在冰雹强度计算中的权重分别为 0.67、0.33；因此，定义冰雹强度指数(bb)公式为：

$$bb = 0.67d/\overline{d} + 0.33h/\overline{h} \tag{6.1}$$

式中，d、h 分别表示一次冰雹过程中记录的冰雹直径、持续时间，$\overline{d}$ 和 $\overline{h}$ 分别表示相应指标的多年平均值。

经统计，太原市冰雹直径、持续时间的多年平均值分别为 6.75 mm、5.94 min。逐次计算 1979—2018 年冰雹过程的强度指数，按其将冰雹灾害的严重性等级划分为 5 级（表 6-2）按照表 6-2 标准，8 月份，太原市冰雹强度以一、二级为主，占比为 81.8%；三级、五级占比均为 9.1%，没有出现过冰雹强度为四级的冰雹过程。加权综合评估，冰雹强度三级，中等；冰雹等级三级，较严重性。

表 6-2　太原市冰雹严重性等级划分标准表

冰雹等级	一级冰雹	二级冰雹	三级冰雹	四级冰雹	五级冰雹
严重性含义	轻	一般	较严重	严重	很严重
冰雹强度	很低	低	中等	高	很高
冰雹强度指数值	＜0.65	[0.65,1.2)	[1.2,2.0)	[2.0,3.0)	≥3.0

6.2.3　冰雹灾害风险等级评估

综合分析冰雹灾害的可能性与严重性，按照表 3-3 灾害天气风险等级判别，评定二青会期间太原市冰雹天气的灾害风险等级为中等。

6.2.4　冰雹致灾因子的危险性区划

冰雹致灾因子危险性计算，考虑冰雹发生的频次和强度两个因素，采用综合加权法计算频次和强度等级获得相应区域冰雹综合强度。对冰雹综合强度进行归一化处理，以获得各地致灾因子危险性指数。归一化方法为：

$$y_i = 0.5 + 0.5\,\frac{x_i - \min(x)}{\max(x)} \qquad (i=1,2,\cdots,n) \tag{6.2}$$

式中，y_i 为 x_i 对应的归一化后的值，x_i 为观测值，$\max(x)$ 和 $\min(x)$ 分别为观测值 x_i 中的最大值和最小值。

利用不同冰雹强度等级以及发生的频次可以进一步评估历史上冰雹的综合强度。采用加权综合评价法计算冰雹综合强度指数（v_j），即

$$v_j = \sum_{i}^{5}(w_i \cdot c_{ij}) \qquad (j=1,2,\cdots,7) \tag{6.3}$$

式中，c_{ij} 为第 j 个台站 i 级强度冰雹日数，w_i 是 i 级强度冰雹的权重，$w_i=i/15(i=1,2,\cdots,5)$，即权重按照 1∶2∶3∶4∶5 形式确定，即强度越强给定的权重越大。

利用式（6.3）获得各台站冰雹的综合强度指数，进一步利用式（6.2）对其结果进行归一化，v_j 归一化后值记为 P_j，亦即为致灾因子危险性指数。将 P_j 划为很低、低、中等、高、很高 5 级，得到冰雹致灾因子危险性区划图。

由图 6-3 可看出，冰雹致灾因子高危险区在太原市北部；尖草坪、万柏林、杏花岭以及阳曲大部冰雹致灾危险性很高；南部危险性较低。

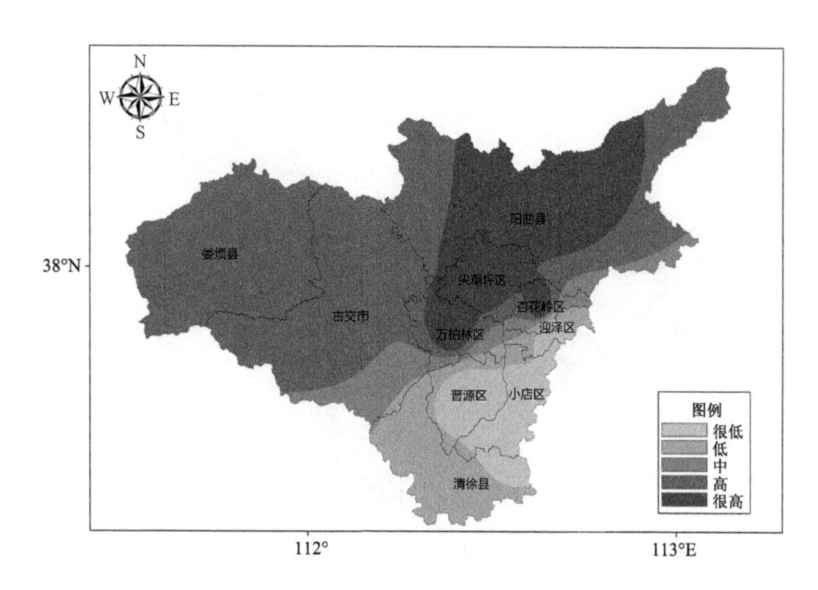

图 6-3 太原市冰雹致灾因子危险性区划图

6.3 孕灾环境敏感性分析及区划

针对冰雹灾害发生的特点，孕灾环境敏感性主要与地形(海拔高度、地形标准差)、水系等要素有关。地形对冰雹灾害的影响主要体现在海拔高度及地形标准差，地势越高、标准差越大，越容易孕育冰雹灾害。根据太原市实际情况及数字地面高程，在 GIS 软件中将全市海拔分为 5 级，地形标准差分为 3 级，按海拔越高，影响值越大，标准差越大，影响值越大的原则进行赋值，得到地形影响指数(表略)。

由于自然水体是电导体，有水体或是距离水体较近的地方容易发生冰雹灾害。水系影响指数主要通过分析河网密度来实现。河网越稠密，距离河流、湖泊、大型水库等水体越近的地方遭受冰雹灾害的风险越大。分析河网密度得到水系影响指数区划图(图 6-4)，其值越大表示越容易遭受冰雹灾害。

将地形高程、地形高程标准差及河网密度归一化后，通过专家打分、综合权重加权平均，计算得到各格点孕灾环境的敏感度。利用自然断点分级法划分为 5 个等级(图 6-5)。由图可见，太原市冰雹灾害孕灾环境很高敏感区主要分布在北部海拔在 900 m 以上的山区，高敏感区和中等敏感区主要位于丘陵地带。

6.4 承灾体易损性分析及区划

虽然受灾体并不是造成灾情的直接因素，但它对灾情的产生有相对扩大或缩小的作用。在一定灾变条件下，受灾体的抗御能力及其损毁程度被称为易损性。一般易损性主要考虑人口密度、GDP 密度和耕地面积比三个方面，在其他灾害条件同样的条件下，人口密度、GDP 密度和耕地面积比越大，气象灾害造成的损失越严重。太原市冰雹灾害损失主要以农业为主，耕

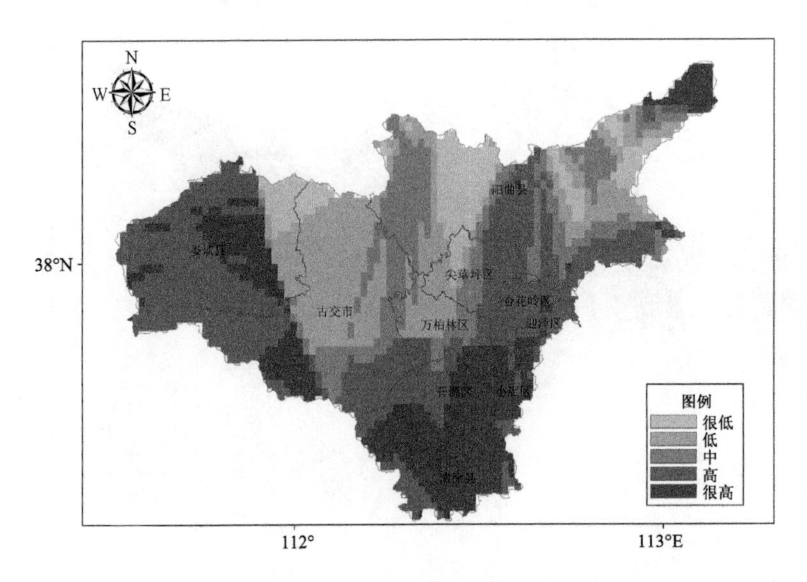

图 6-4　太原市冰雹河网密度因子敏感性区划图

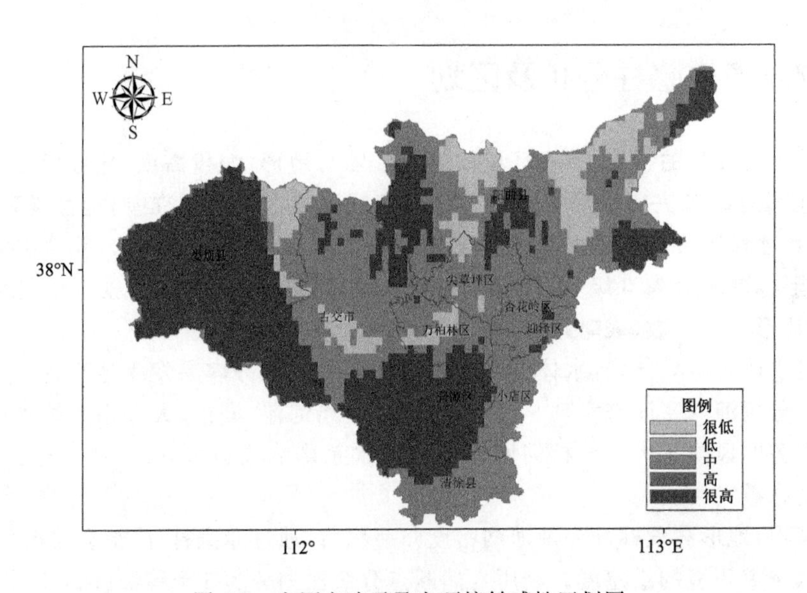

图 6-5　太原市冰雹孕灾环境敏感性区划图

地是重要的受灾体之一。因此，对人口密度、GDP 密度和耕地面积比 3 个因子的权重系数赋值与暴雨灾害不同，耕地面积比赋予了最大权重系数。具体赋值见表 6-3。通过 ArcGIS 软件进行叠加后，采用自然断点法得到承灾体的易损性区划图，其空间分辨率为 1 km×1 km，按易损性综合指数大小划分为很高(≥0.77)、高[0.65，0.77)、中[0.55，0.65)、低[0.39，0.55)、很低(<0.39)5 个级别，由图 6-6 可以看出，小店南部易损性最大；迎泽、杏花岭、小店北部易损性大；阳曲、古交、娄烦易损性最小。

表 6-3　易损性因子权重系数表

易损性因子	人口密度	GDP 密度	耕地面积比
权重系数	0.4	0.1	0.5

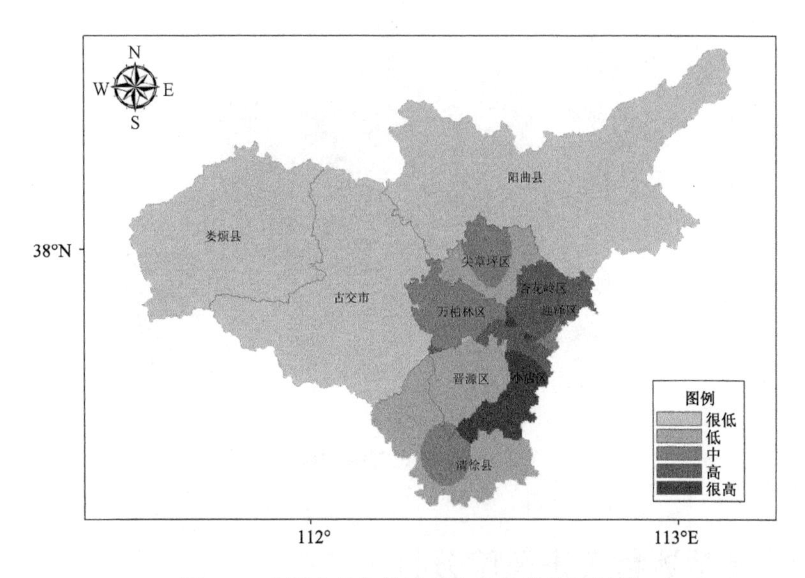

图 6-6　太原市承灾体冰雹灾害易损性区划图

6.5　冰雹灾害综合风险区划与分析

6.5.1　冰雹灾害风险指数评估模型

在冰雹致灾因子危险性、孕灾环境敏感性、承灾体易损性以及防灾减灾能力分析的基础上，根据太原市实际情况和专家的评估打分，建立了山西省冰雹灾害风险指数评估模型如下：

$$DRI = (HW_h)(EW_e)(VW_v)(RW_r)[0.1(1-a)R+a] \qquad (6.4)$$

其中，DRI 是冰雹灾害风险指数；H、E、V、R 分别表示致灾因子危险性、孕灾环境敏感性、承灾体易损性和防灾减灾能力四个因子，W_h、W_e、W_v、W_r 表示相应的权重系数，通过专家打分，分别赋值 0.5、0.2、0.2、0.1；a 为常数，用来描述防灾减灾能力对于减少总的 DRI 所起的作用，考虑山西省的实际情况，取值 0.5。

6.5.2　冰雹灾害综合风险区划与分析

通过上面灾害风险指数评估模型，利用 ArcGIS 软件，通过空间分析工具和栅格计算器，将致灾因子危险性、孕灾环境敏感性、承灾体易损性和防灾减灾能力四个因子按照各自的权重系数做栅格计算叠加，最后得到太原市冰雹灾害综合风险区划图，其空间分辨率为 1 km×1 km。根据冰雹灾害风险综合指数大小划分为很高(≥0.74)、高[0.66,0.74)、中[0.57,0.66)、低[0.45,0.57)、很低(<0.45)5 个级别(彩图 6-7)。可以看出，太原市冰雹灾害的高风

险区主要集中在中北部；尖草坪、万柏林、阳曲的冰雹灾害风险很高；南部冰雹灾害风险较低。

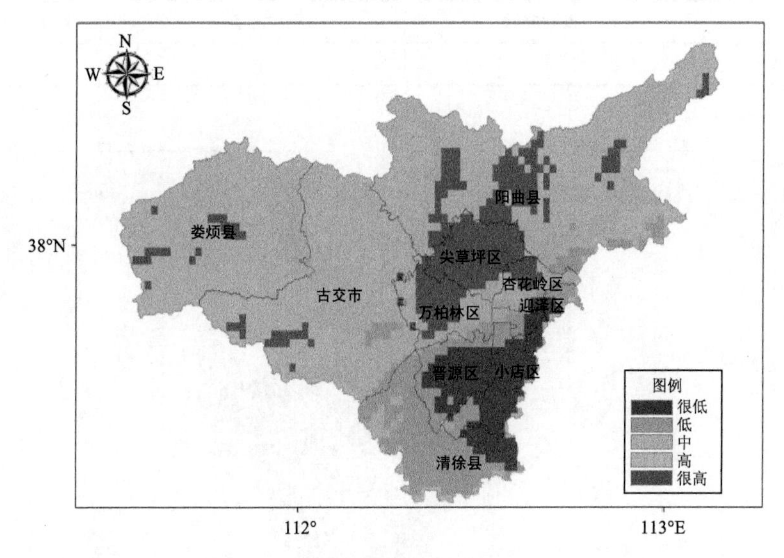

图 6-7　太原市冰雹灾害综合风险区划图

6.6　二青会场馆冰雹灾害风险分析

根据冰雹天气的可能性与严重性分析，结合冰雹综合风险区划结果，确定万柏林场馆区、尖草坪场馆区、阳曲场馆区冰雹灾害风险等级为高；清徐场馆区冰雹灾害风险等级为中等；晋源场馆区、小店场馆区、迎泽场馆区冰雹灾害风险为低。

6.7　冰雹灾害风险评估结论

二青会期间，太原市冰雹灾害风险等级为中等；历史同期出现冰雹的可能性为 D 级，冰雹严重性等级为三级，二青会期间各项活动受较严重冰雹灾害影响的可能性大。对二青会场馆而言，万柏林场馆区、尖草坪场馆区、阳曲场馆区冰雹灾害风险等级为高；清徐场馆区冰雹灾害风险等级为中等；晋源场馆区、小店场馆区、迎泽场馆区冰雹灾害风险为低。

第7章　高温灾害风险评估

高温是太原市夏季常见的灾害性天气，在全球气候变化的背景下，伴随着城市化发展进程加快，太原极端高温和持续高温天气出现的频率在增加，给城市社会、经济和市民身体健康带来严重危害。

7.1　高温时空分布特征

7.1.1　高温天气的时间分布

1979—2018 年，太原市出现≥35.0 ℃的高温天气为 229 天，高温日数的年振幅很大，2010 年和 2017 年 35.0 ℃以上的高温日多达 17 天，1988—1989 年和 2003 年则无高温天气。近 40 年来，太原市年高温天气总体呈增长趋势，增幅为 1.2 天/10a，20 世纪 90 年代以后，年高温日数的极端性增强，年际振幅增大(图 7-1)。

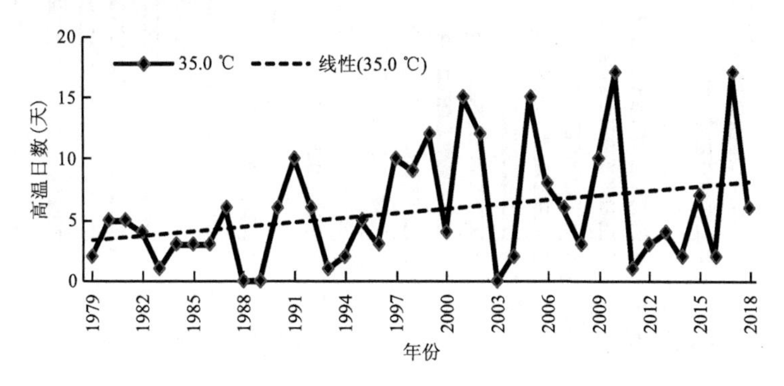

图 7-1　1979—2018 年太原市出现 35.0 ℃以上高温日数的年际变化

太原市≥35.0 ℃的高温天气出现在 4—9 月，最早 4 月 30 日，最晚 9 月 7 日；集中出现在 5 月下旬至 8 月上旬，占年总日数的 92.1%，以 6 月下旬至 7 月下旬最易发生(图 7-2)。

太原市≥37.0 ℃的高温天气出现在 4—8 月，最早 4 月 30 日，最晚 8 月 5 日；集中出现在 6 月下旬至 7 月下旬，占年总日数的 93.2%，6 月下旬、7 月中、下旬最易发生(图 7-2)。

太原市≥40.0 ℃的高温天气只有 1 天，出现 2010 年 7 月 30 日。

1979—2018 年，太原市共出现连续 3 天以上≥35.0 ℃的区域高温天气(高温热浪)过程 10 次，集中在 6 月下旬至 7 月下旬，最长持续时间为 7 天，出现在 2017 年 7 月 8—14 日。

与6月和7月相比，8月份二青会期间，太原的高温日数明显减少，1979—2018年共出现35.0 ℃以上的高温天气21天，平均0.5天/a，占年总日数的9.3%。

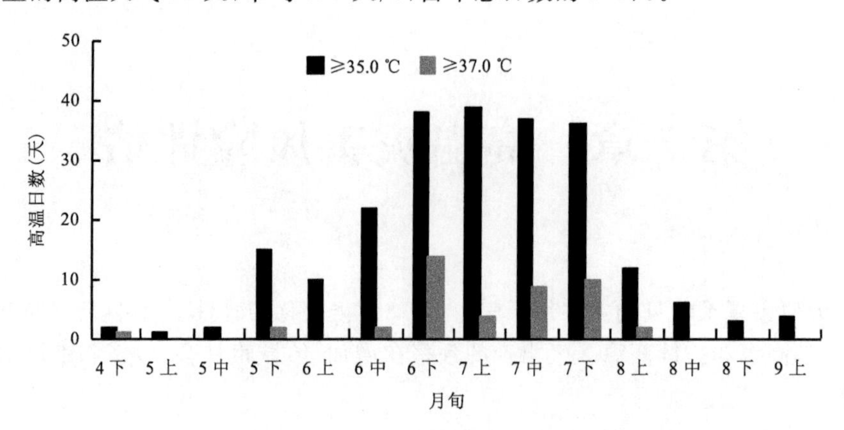

图7-2 1979—2018年太原市高温日数的时间分布

图7-3为1979—2018年8月高温日平均气温和最高气温分布图。可见，二青会期间，太原市高温日平均气温、最高气温具有明显的日变化特征，平均气温从07时开始上升，到15时达到一日中最高后开始下降，到06时出现一日中的最低。8月最高气温在10时即可达到30.0 ℃以上，且可维持到20时，14—17时是35.0 ℃以上高温最易发生时段。

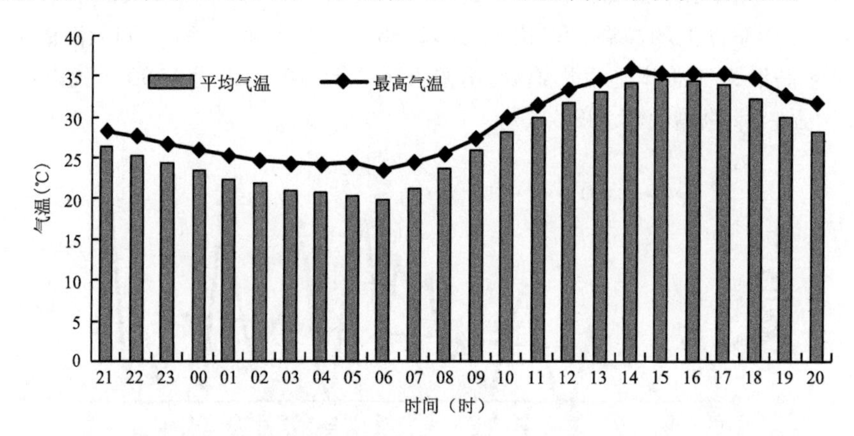

图7-3 1979—2018年8月太原市高温日平均气温和最高气温分布

7.1.2 高温天气的空间分布

图7-4为1979—2018年≥35.0 ℃、≥37.0 ℃年平均高温日数分布。由图可知，尖草坪、清徐≥35.0 ℃的高温日数最多，年均4天；娄烦最少，年平均只有1天。≥37.0 ℃的高温日数除娄烦较少外，其余各地相差不大，平均在0.4～0.6天/a。

统计表明，太原高温天气的区域性较强，3个以上县(区)同日出现高温天气的区域高温日数占年高温总日数的61.7%(图7-5)，而单站高温仅占23.8%。

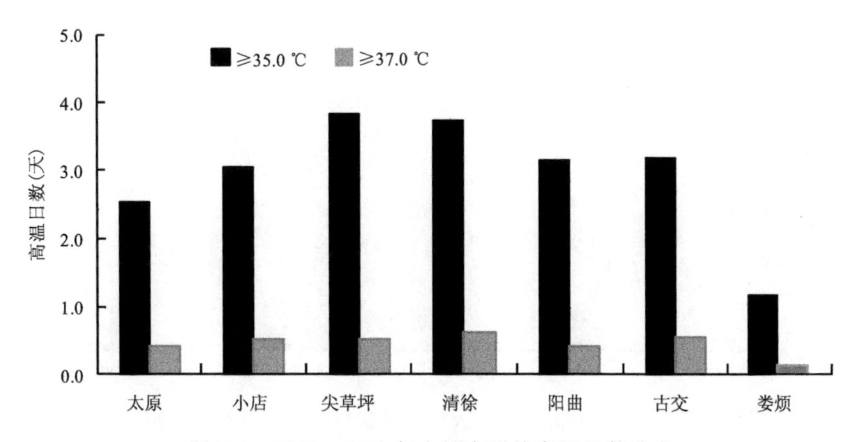

图 7-4 1979—2018 年太原市平均高温日数分布

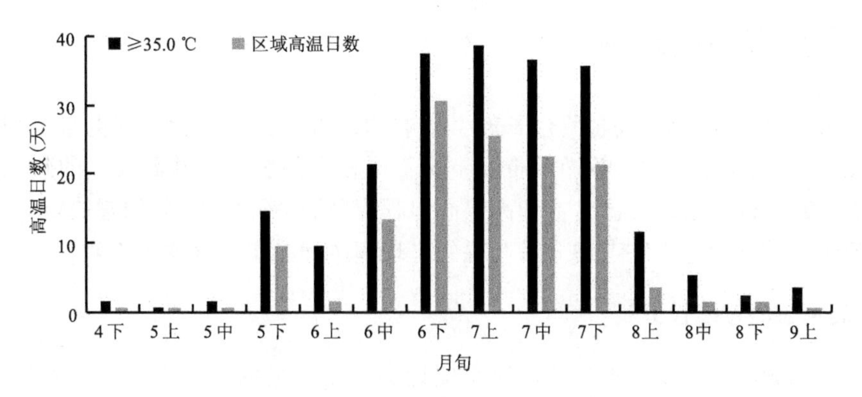

图 7-5 1979—2018 年太原市高温日数、区域高温日数分布

7.2 闷热天气时间分布

人体的热感觉除了与气温有关外，还与空气湿度、风速大小有关。人体舒适度是一个能反映人体与大气环境之间热交换的生理气象指标。气象部门常用人体舒适度指数 DI 来定义天气的闷热程度。

$$DI=1.8T-0.55(1.8T-26)(1-RH)+32-3.2\sqrt{U} \tag{7.1}$$

式中，T 为日最高温度，RH 为日最小相对湿度，U 为日平均风速。

按公式(7.1)计算人体舒适度指数，统计分析 1979—2018 年太原市 8 月闷热($DI>76$)日数发现，40 年中太原市共出现闷热天气 107 天，年均 2.7 天，是高温天数(0.5 天)的 5.4 倍，说明 8 月湿热天气较多，易对人体健康产生影响。

图 7-6 是 1979—2018 年 8 月太原各地各级平均闷热日数统计图。由图可见，近 40 年，8 月太原市闷热天气呈现东部多、西部少的分布特征，小店最多，年均 4.8 天，娄烦最少，只有 0.7 天。

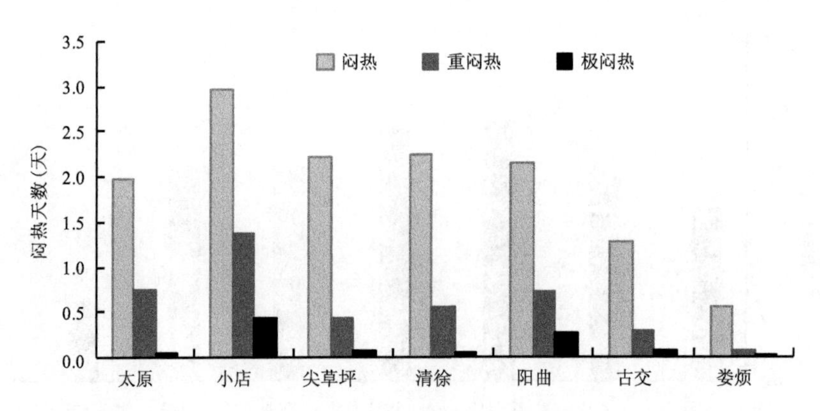

图 7-6　1979—2018 年 8 月太原市各级闷热天气平均日数统计

7.3　高温灾害的危险性分析

高温天气会对人体健康、动植物生长产生影响和危害，使城市用水、用电量增加，造成水、电供应紧张，还会给交通、建筑、旅游等行业带来不同程度的影响。高温天气的致灾因子由高温出现频次、最高气温、连续高温日数和高温高湿程度（闷热程度 *DI*）等因素决定。因此，二青会期间高温天气的危险性主要考虑 8 月高温的出现频次和高温强度两个因素。

7.3.1　高温灾害的可能性分析

高温发生的频次可反映高温天气风险可能性的大小。根据太原市 1979—2018 年高温观测资料，依高温月平均频次将发生高温的可能性分为 5 级（表 7-1）。

表 7-1　太原市高温可能性等级划分标准表（单位：次）

可能性等级	可能性很小 A	可能性小 B	有可能 C	可能性大 D	可能性很大 E
平均频次（次）	＜0.2	[0.2,0.5)	[0.5,1.5)	[1.5,2.5)	≥2.5

1979—2018 年二青会期间，太原市出现高温过程 23 次，年平均频次 0.6 次，可能性等级为 C 级，有可能出现高温天气。

7.3.2　高温灾害的严重性分析

用高温综合强度等级来表征高温灾害的严重性。参照中国气象局第 16 号令《气象灾害预警信号发布和传播办法》和太原市气象灾害预警信号发布规定，结合太原高温天气特征，用最高气温、连续高温日数定义高温强度，并将其等级划分如表 7-2 所示。

表 7-2　太原市高温强度等级划分标准表

高温强度等级	一级	二级	三级	四级	五级
最高气温 T_{max}（℃）	[35,36)	[36,37)	[37,38)	[38,39)	≥39
连续高温日数（≥35℃）T_{LX}	/	3 天或 DI＞76	4 天或 DI＞78	5 天或 DI＞80	≥6 天或 DI＞85

依照表7-2，统计、计算1979—2018年8月高温过程的最高气温、连续高温日数，舒适度指数的强度等级；高温强度等级按照下式确定

$$DJ = \max(DT_{\max}, DT_{LX}, DI_{mr}) \tag{7.2}$$

式中，DJ 为高温强度等级，$DT_{\max}$ 为最高温度强度等级，DT_{LX}，为连续高温日数强度等级，DI_{mr} 为闷热等级。

表7-3　1979—2018年8月太原市过程高温强度等级统计表

高温强度等级	一级	二级	三级	四级	五级
频次	10	4	7	2	0

由表7-3可知，近40年，太原市8月高温天气一级高温最多，三级高温次之，没有出现过五级以上的高温。

采用加权综合评价法计算高温综合强度 ZH，即权重按照1∶2∶3∶4∶5比例确定，即强度越强给定的权重越大。然后按照 ZH 将高温等级划分为5级，严重性含义分别为高温灾害轻、一般、较严重、严重、很严重（表7-4）。

计算结果显示，8月二青会期间，太原市高温综合强度 ZH 为3.1，为三级高温，灾害较严重。

表7-4　太原市高温灾害严重性等级划分标准表

高温等级	一级高温	二级高温	三级高温	四级高温	五级高温
严重性含义	轻	一般	较严重	严重	很严重
ZH	$\leqslant 1$	(1,3]	(3,8]	(8,12]	>12

7.3.3　高温灾害风险等级评估

综合上述高温灾害及闷热天气的可能性与严重性分析，按照表3-3灾害性天气风险等级判别，评定二青会期间太原市高温灾害风险等级为中等。

7.3.4　高温致灾因子的危险性区划

对8月高温频次和高温强度两个致灾因子进行归一化处理，加权综合，利用普通克里金(Kriging)插值法将站点致灾因子指数插值成全市范围的栅格面状数据，最后采用GIS中自然断点法进行等级划分，得到高温灾害致灾因子危险度分布图。由图7-7可见，高温致灾因子高危险区分布在古交、城区西部、清徐西部、阳曲县西部。

7.4　孕灾环境敏感性分析及区划

孕灾环境主要指自然环境，在同样的高温条件下，不同自然环境状况的受灾风险性差异很大，本研究着重考虑地形因子和河网密度，其敏感性主要指研究区域中外部环境对高温灾害的敏感程度以及高度和水域（不同下垫面）对高温灾害影响的程度，其中地形因子主要考虑地势高度，采用高程(m)表示；水域主要采用河网密度(km/km^2)。根据地形高程的大小与河网密

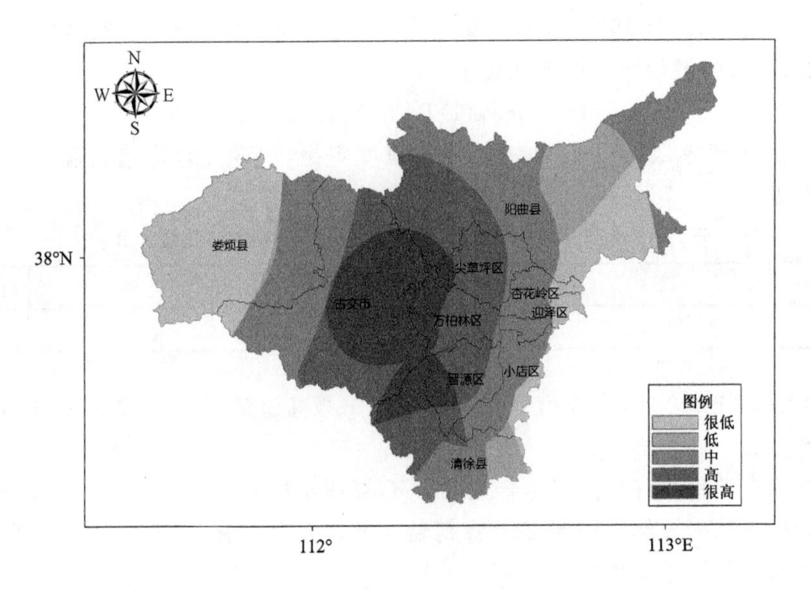

图 7-7 太原市高温致灾因子危险性区划图

度的大小(河网密度影响与暴雨相反)，通过专家综合分析，借助于 ArcGIS 软件，通过自然断点法将地形高度划分为很高(＜850)、高[850,1150)、中[1150,1450)、低[1450,1750)、很低(≥1750)5 个级别；按河网密度大小划分为很高(＜1.6) 、高[1.6,2.0)、中[2.0,2.4)、低[2.4,2.8)、很低(≥2.8)5 个级别。地势高度与河网密度权重比例根据专家打分取0.6：0.4。得到空间分辨率为 1 km×1 km 的孕灾环境敏感性区划图(图 7-8)。由图可以看出，敏感性等级高的区域相对集中在太原市河谷平原、阳曲、娄烦与古交及万柏林的谷地。

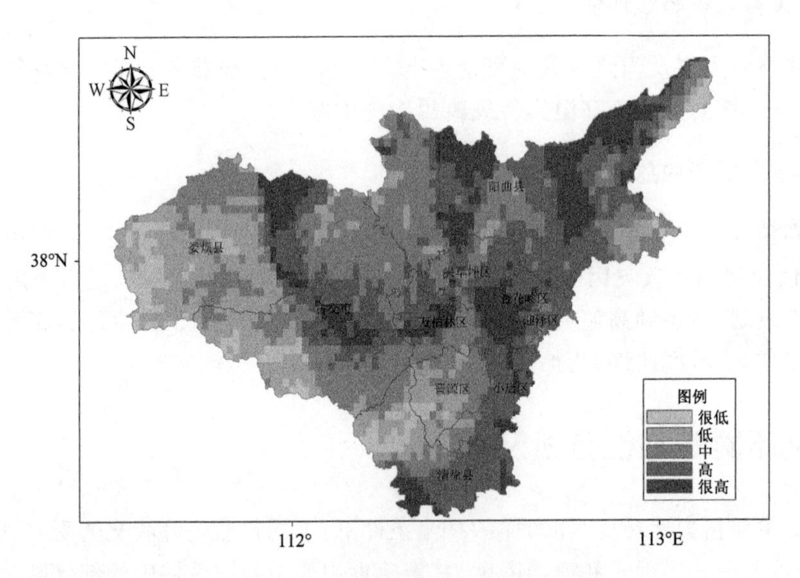

图 7-8 太原市高温孕灾环境敏感性区划图

7.5　高温灾害综合风险区划与分析

7.5.1　高温灾害风险指数评估模型

在高温灾害致灾因子危险性、孕灾环境敏感性分析的基础上，还进行了承灾体易损性和防灾减灾能力等的分析。在此基础上，根据太原市实际情况和专家的评估打分，建立了太原市高温灾害风险指数评估模型如下：

$$DRI = f(HW_h EW_e VW_v RW_r) \tag{7.3}$$

式中，DRI 是高温灾害风险指数；H、E、V、R 分别表示致灾因子危险性、孕灾环境敏感性、承灾体易损性和防灾减灾能力四个因子，W_h、W_e、W_v、W_r 表示相应的权重系数，通过专家打分，分别赋值 0.5、0.2、0.2、0.1。

7.5.2　高温灾害综合风险区划与分析

由高温灾害风险指数评估模型，借助于 ArcGIS 软件中的空间分析工具和栅格计算器，将高温致灾因子危险性、孕灾环境敏感性、承灾体易损性和防灾减灾能力四个因子按照各自的权重系数做栅格计算叠加，根据高温灾害风险综合指数大小分别将其划分为很高、高、中、低、很低 5 级，最后得到太原市 8 月高温灾害综合风险区划图（彩图 7-9），其空间分辨率为 1 km×1 km。可以看出，二青会期间，太原市高温灾害高风险区主要集中在城六区、清徐、古交中东部和阳曲西部；尖草坪、万柏林、杏花岭、古交东部、清徐北部高温风险为很高；娄烦县高温风险等级最低。

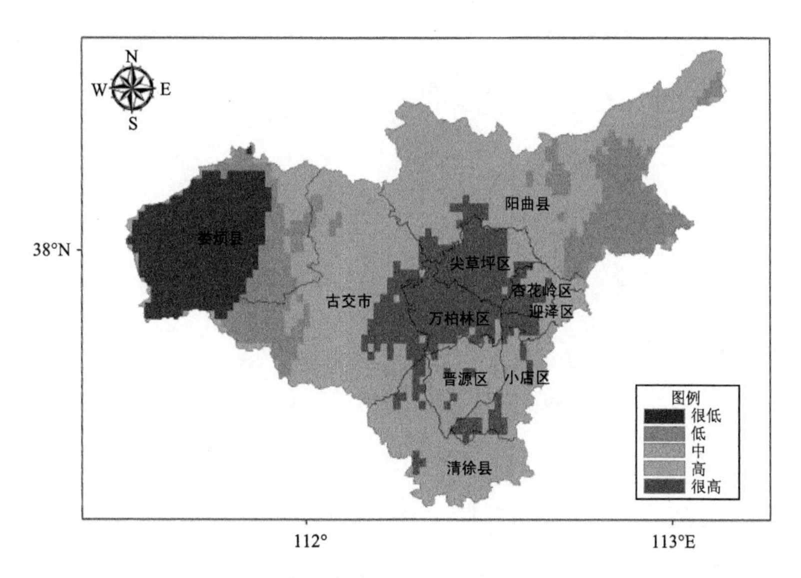

图 7-9　太原市高温灾害综合风险区划图

7.6 二青会场馆高温灾害风险分析

依据各场馆所在位置及所在区域高温灾害综合风险区划等级，结合二青会期间太原市高温天气可能性、严重性及风险评估结果，评定各场馆区高温灾害风险等级为：万柏林场馆区、尖草坪场馆区、迎泽场馆区高温灾害风险高；晋源场馆区、小店场馆区、清徐场馆区、阳曲场馆区高温灾害风险中等。

7.7 高温灾害风险评估结论

二青会期间，太原市高温灾害风险等级为中等，历史同期出现高温的可能性为C级，高温强度等级三级，即二青会期间各项活动有可能受到较严重的高温（闷热）天气影响。对二青会场馆而言，万柏林场馆区、尖草坪场馆区、迎泽场馆区高温灾害风险为高；晋源场馆区、小店场馆区、清徐场馆区、阳曲场馆区高温灾害风险为中等。

第 8 章　大风灾害风险评估

本章研究的大风是指瞬时风速≥17.0 m/s 的风。大风灾害是大风过境对农作物、城市设施、城市交通和城市居民生活造成的危害。

8.1　大风时空分布特征

8.1.1　大风天气的时间分布

1979—2018 年，太原市共出现大风日数 1302 天，年均 32.6 天；2001 年大风日数最多达 65 天，2003 年最少为 11 天。近 40 年大风日数总体呈下降趋势，线性倾向率为－0.662 天/a；2005 年以后，年际变化相对较小(图 8-1)。

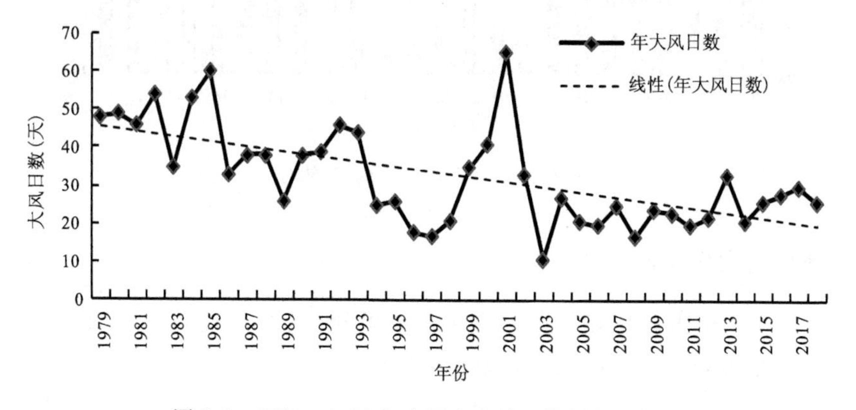

图 8-1　1979—2018 年太原市大风日数的年际变化

太原市的大风可出现在一年中的任何时候，3—6 月大风日数较多，4 月最多，5 月次之；8—10 月大风日数较少，9 月最少，8 月次之(图 8-2)。

图 8-3 为 1979—2018 年 8 月大风日逐时平均风速和最大风速分布。可见，二青会期间，太原市大风日平均风速、最大风速均有较明显的日变化特征，08—16 时平均风速呈增大趋势，16 时最大，达到 3.2 m/s；17 时至次日 02 时呈减小趋势，02 时降到一日中的最小值 1.0 m/s；03—08 时风速无明显的变化。逐时最大风速 03 时最小，只有 2.3 m/s，；15—16 时以及 20 时最大风速均超过了 12 m/s，为一日中最易出现大风时段。

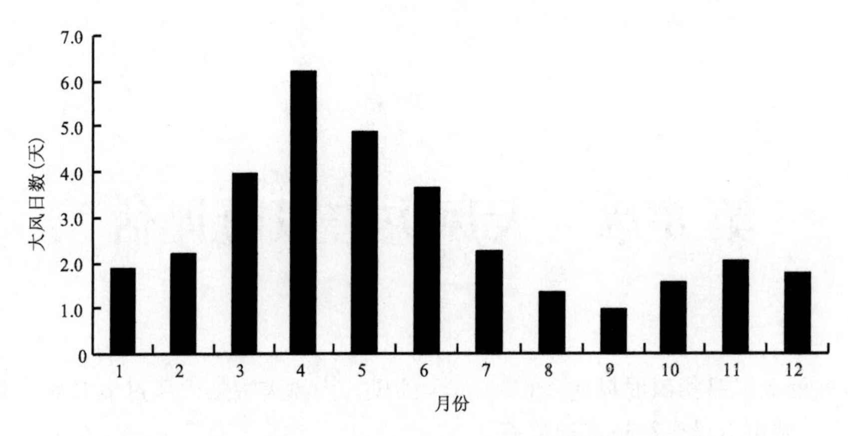

图 8-2　1979—2018 年太原市各月平均大风日数分布

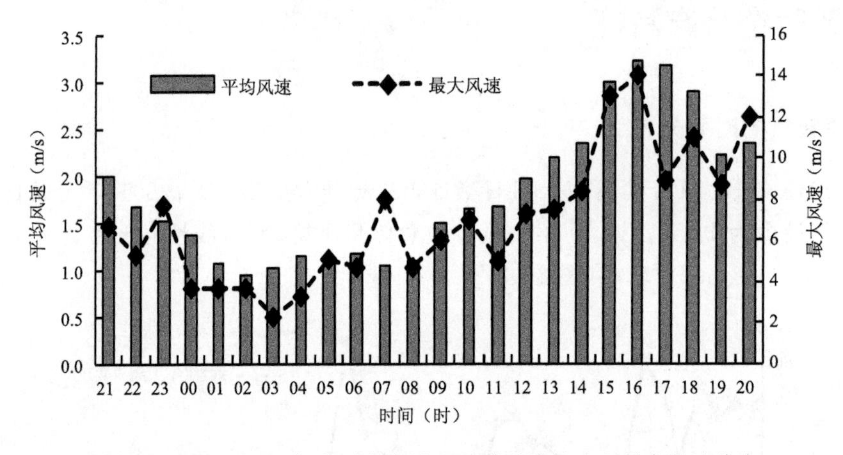

图 8-3　1979—2018 年太原市大风日逐时平均风速和最大风速分布

8.1.2　大风天气的空间分布

统计分析 1979—2018 年国家气象站大风记录可知，太原市大风日数的空间分布极不均匀，古交大风日数最多，小店最少，二者相差近 8 倍(图 8-4)。

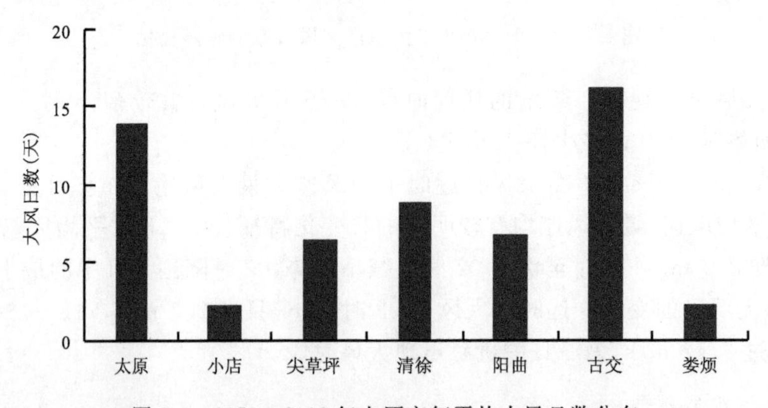

图 8-4　1979—2018 年太原市年平均大风日数分布

图 8-5 为 1979—2018 年 8 月大风过程的站点数分布。由图可见，二青会期间太原市的大风以局地为主，单站大风占月大风总数的 71.7%，两站同日出现大风的占比为 17.0%，没有 5 站及以上同日出现的大风过程。进一步研究发现，8 月份的大风多为雷雨大风，有 93.8%的大风与雷暴等强对流天气相伴。

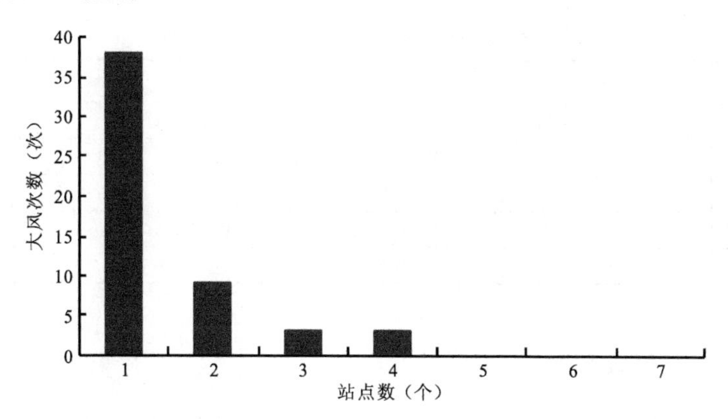

图 8-5 1979—2018 年 8 月太原市大风过程的站点数分布

8.2 大风灾害的危险性分析

大风天气对工农业生产、城市户外公共设施有较大的破坏作用。二青会期间的大风对室外比赛项目及设备正常运行有较大影响，在一定条件下，也会对人员安全造成严重威胁。大风天气的危险性由大风发生频次(或概率)、极大风速及大风影响的范围等因素决定。由于 8 月份的大风多为局地大风，因此，二青会期间大风致灾因子主要考虑大风的出现概率和极大风速的影响。

8.2.1 大风灾害的可能性分析

用月大风发生概率来表征灾害风险的可能性大小。根据太原市 1979—2018 年大风观测记录，据表 8-1 划分大风灾害发生可能性等级。

表 8-1 太原市大风可能性等级划分标准表

可能性等级	可能性很小 A	可能性小 B	有可能 C	可能性大 D	可能性很大 E
概率(p)	<0.04	[0.04,0.06)	[0.06,0.10)	[0.10,0.15)	≥0.15

1979—2018 年 8 月二青会期间，太原市平均大风日数为 1.3 天，发生概率为 0.043，可能性等级为 B 级，出现大风天气的可能性小。

8.2.2 大风灾害的严重性分析

大风灾害的致灾因子是风速，综合分析太原市历次大风过程中最大风速的大小及其造成灾害损失的情况，将大风过程中最大风速按大小排序，用百分位法划分大风灾害的强度等级，反映大风灾害的严重性(表 8-2)。表 8-2 中将前 2%定为很严重，记为 5 级，占所有样本比重的 2%；2%～7%定为严重，记为 4 级，占所有样本比重的 5%；依次类推。由此划分得出各等级大风的阈值范围。

二青会期间，1979—2018 年 8 月，太原市出现的 55 次大风过程中，65%的大风强度为一级，20%为二级，四级、五级大风各占 5%，最大风速达 28.0 m/s。加权综合评价大风强度等级为三级，大风灾害较严重。

表 8-2　用百分位法划分的大风强度等级

等级	比重(%)	百分位(%)	最大风速阈值(m/s)	严重性
5	2	2%	≥27.2	很严重
4	5	2%～7%	[24.2,27.2)	严重
3	10	7%～17%	[21.7,24.2)	较严重
2	25	17%～42%	[19.7,21.7)	一般
1	58	100%	[17.0,19.7)	轻

8.2.3　大风灾害风险等级评估

综合上述大风灾害天气的可能性与严重性分析，按照表 3-3 灾害天气风险等级判别，评定二青会期间太原市大风灾害风险等级为低。

8.2.4　大风致灾因子的危险性区划

对太原各县(市、区)8 月平均大风日数和日最大风速资料进行标准化处理，二者的权重比例在致灾因子中分别占 0.67 和 0.33。用 ArcGIS 10.0 软件中普通克里金插值方法和栅格计算器进行空间分析和参差分析求和得到暴雨灾害风险指数栅格数据后，采用自然断点法将其划分为很高(≥0.73)、高[0.60,0.73)、中[0.46,0.60)、低[0.26,0.46)、很低(<0.26)五个级别，得到太原市大风灾害致灾因子分布区划图(图 8-6)，其空间分辨率为 1 km×1 km。由图 8-6可看出，大风高风险区主要集中在小店、清徐、古交。

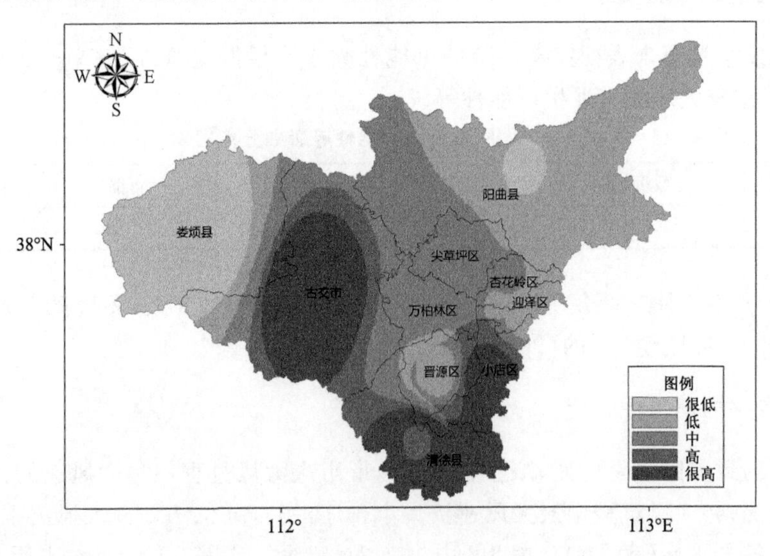

图 8-6　太原市大风致灾因子危险性区划图

8.3 孕灾环境敏感性分析及区划

从大风灾害的形成条件和机理分析，孕灾环境条件主要指地形、地貌等因子的综合影响。地形主要包括地表高程和地势起伏变化。一般认为，地形起伏越小，地表平坦、下垫面粗糙度小，对风速减弱作用小，风速越大；山脉走向与风向一致，山谷越深、越窄的地方“狭管效应”越明显，越容易形成大风灾害。

根据太原市实际情况，利用数字地图，在GIS软件中直接提取地表高程；地势起伏采用高程标准差表示，即用每个栅格点与周围8个栅格点的高程标准差来表示地势起伏。将全市海拔高度分为5级，地形标准差分为3级，按照高程越低，高程标准差越小，越容易形成大风灾害的判断为综合地形因子系数赋值。

通过综合分析，地形与地面粗糙度因子权重比例在孕灾环境敏感性中分别为0.67，0.33。借助于ArcGIS软件，通过自然断点和加权平均法，按照造成大风灾害敏感性综合指数大小，划分为很高(≥0.81)、高[0.61，0.81)、中[0.51，0.61)、低[0.41，0.51)、很低(<0.41)5个级别，得到孕灾环境敏感性区划图(图8-7)，其空间分辨率为1 km×1 km。由图可以看出，敏感性等级很高的区域位于太原市地势较低的平原和盆地内；高敏感区在城区西部、阳曲、古交、娄烦均有分布。

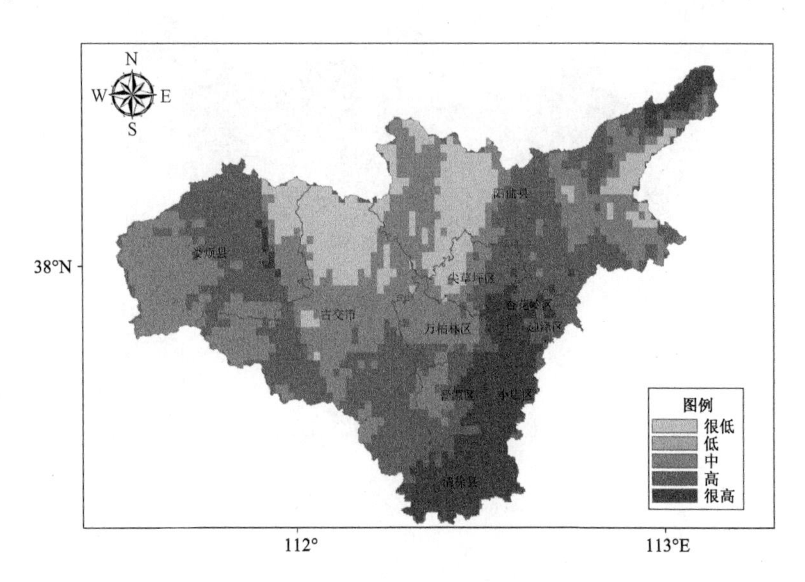

图8-7 太原市大风孕灾环境敏感性区划图

8.4 大风灾害综合风险区划与分析

8.4.1 大风灾害风险指数评估模型

在大风灾害致灾因子危险性、孕灾环境敏感性分析的基础上，进行了承灾体易损性和防灾减灾能力等的分析。在此基础上，根据太原市实际情况和专家的评估打分，建立了太原市大风灾害风险指数评估模型如下：

$$DRI=f(HW_h, EW_e, VW_v, RW_r) \tag{8.1}$$

式中，DRI 是大风灾害风险指数；H、E、V、R 分别表示致灾因子危险性、孕灾环境敏感性、承灾体易损性和防灾减灾能力四个因子，W_h、W_e、W_v、W_r 表示相应的权重系数，通过专家打分，分别赋值 0.5、0.2、0.2、0.1。

8.4.2 大风灾害综合风险区划与分析

通过上面大风灾害风险指数评估模型，借助于 ArcGIS 软件，通过空间分析工具和栅格计算器，将大风致灾因子危险性、孕灾环境敏感性、承灾体易损性和防灾减灾能力四个因子按照各自的权重系数做栅格计算叠加，最后得到太原市大风灾害综合风险区划图（彩图 8-8），其空间分辨率为 1 km×1 km。根据大风灾害风险综合指数大小分别将其划分为很高（≥0.77）、高[0.64，0.77）、中[0.53，0.64）、低[0.43，0.53）、很低（<0.43）5 个级别。由彩图 8-8 可以看出，小店南部，清徐东部大风灾害风险很高，古交大部、清徐西部大风灾害风险为高；阳曲、娄烦大风灾害风险为很低。

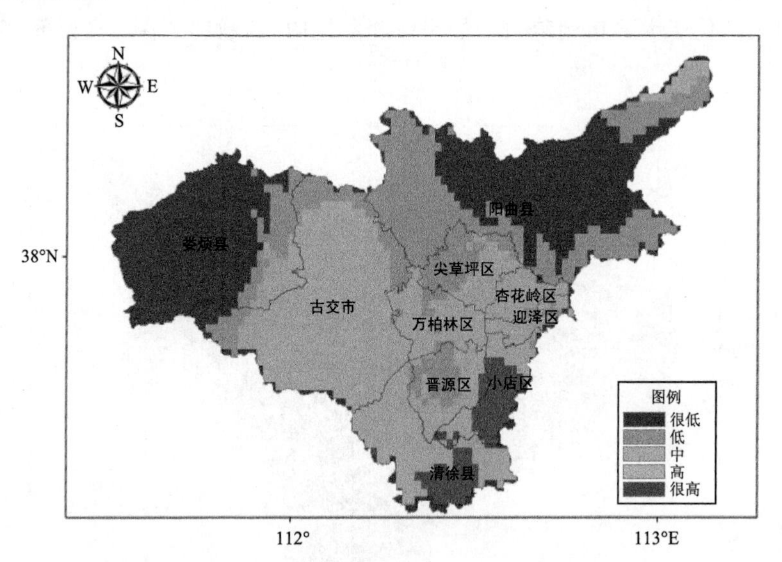

图 8-8 太原市大风灾害综合风险区划图

8.5 二青会场馆大风灾害风险分析

依据各场馆所在位置及所在区域大风灾害综合风险区划等级，结合二青会期间太原市大风天气可能性、严重性及风险评估结果，评定各场馆区大风灾害风险等级为：小店场馆区大风灾害风险较高；清徐场馆区大风灾害风险中等；晋源场馆区、万柏林场馆区、尖草坪场馆区、迎泽场馆区大风灾害风险低；阳曲场馆区大风灾害风险很低。

8.6　大风灾害风险评估结论

二青会期间，太原市大风灾害风险等级低，历史同期出现大风的可能性为 B 级，大风强度等级 3 级，即，二青会期间各项活动受较严重大风天气影响的可能性小。对二青会场馆而言，小店场馆区大风灾害风险较高；清徐场馆区大风灾害风险中等；晋源场馆区、万柏林场馆区、尖草坪场馆区、迎泽场馆区大风灾害风险低；阳曲场馆区大风灾害风险很低。

第 9 章　大雾灾害风险评估

雾是悬浮于近地面空气中的大量水滴或冰晶，使水平能见度小于 1 km 的天气现象。由于雾日大气层结稳定，能见度低，常常导致空气质量下降、交通事故频发，给城市经济和人民生命财产带来重大损失。

9.1　大雾时空分布特征

9.1.1　大雾天气的时间分布

1979—2018 年，太原市共出现大雾天气过程 1363 次，年均 34.1 次；年际间变化明显，1979—1987 年呈现上升趋势，之后开始下降，2005 年后再次转为上升趋势（图 9-1）。2014 年大雾日最多，达 80 天；1995 年、2013 年大雾日最少，只有 16 天。

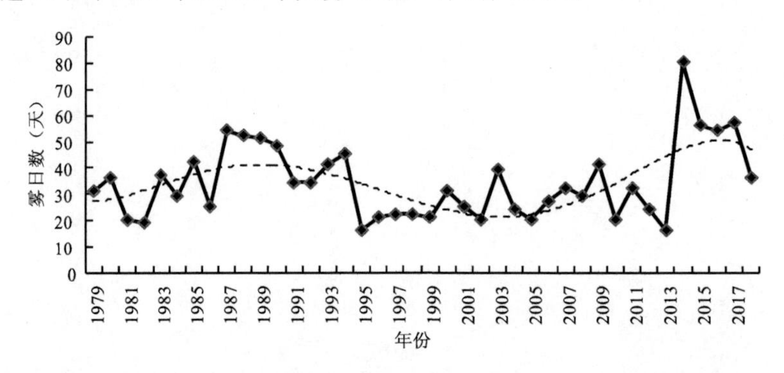

图 9-1　1979—2018 年太原市大雾日数的年际变化

雾可出现在一年中的任何时候，秋冬多、春夏少；11 月最多，5 月最少（图 9-2）。近 40 年，8 月份二青会期间，太原共出现雾日 117 天，平均 2.9 天。

以雾日较多的太原国家气象站为例，统计 8 月二青会期间雾的开始、结束及持续时间，发现，雾开始于 23 时后至次日 08 时，集中开始于 03—06 时，占月雾总日数的 74.2%，05—06 时最易形成雾。从雾的结束时间看，66.7%的雾在 08 时之前结束，09 时之前结束的占比为 94.5%，最晚结束时间为 09 时 25 分。也就是说，日出后随着气温的升高，雾趋于消散。雾的持续时间平均为 2.6 小时，70.4%的雾持续时间低于 2 小时。

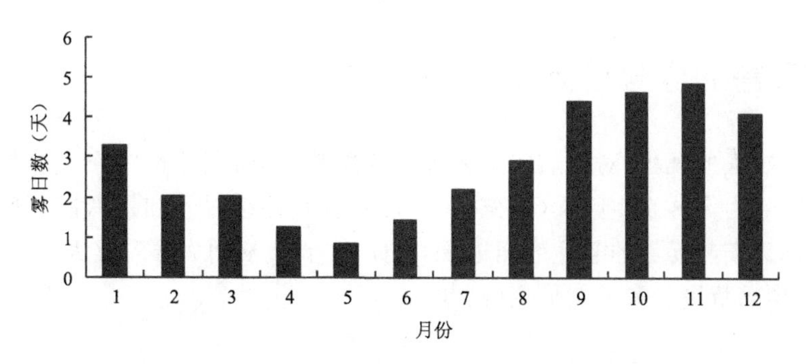

图 9-2 1979—2018 年太原市各月平均雾日分布

9.1.2 大雾天气的空间分布

由图 9-3 太原市各地年平均雾日分布图可见，太原市南部较易发生雾，清徐县雾日最多，年平均为 22.3 天；北部雾日较少，古交最少，平均只有 1.4 天。

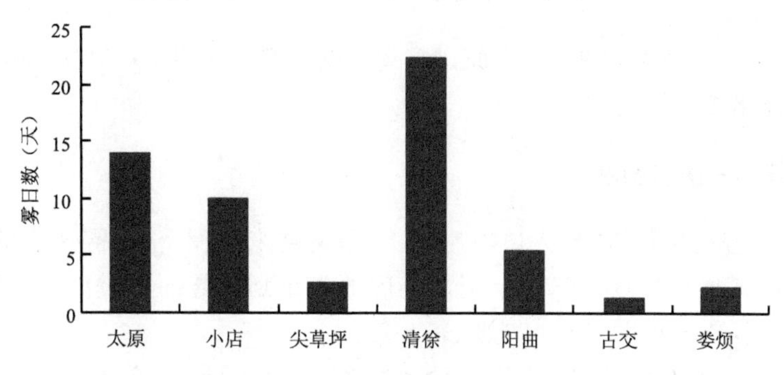

图 9-3 1979—2018 年太原市各地年平均雾日分布

对 1979—2018 年太原市大雾天气过程中雾出现范围的统计来看，单站雾占 60.7%，两站同日出现雾占比为 20.0%，6 站以上同时出现雾为小概率事件(图 9-4)。二青会期间，8 月份大雾的单站占比 61.5%，略高于全年；没有出现过覆盖范围 5 站以上的大雾过程。

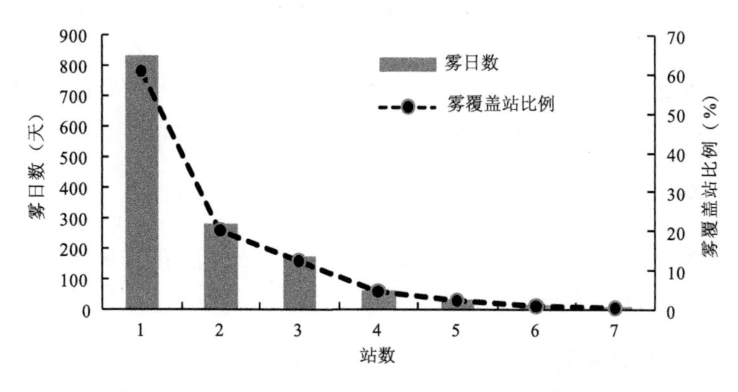

图 9-4 1979—2018 年太原市大雾过程覆盖范围分布

9.2 大雾灾害的危险性分析

大雾天气影响人的视程，对交通安全有较大的影响；同时间接影响空气质量和人体健康。大雾天气的危险性由大雾发生频次（或概率）、覆盖范围、持续时间和最低能见度等因素决定。由于大部分台站无夜间无雾的起止时间记录，因此，二青会期间大雾致灾因子主要考虑8月大雾的出现频次、覆盖范围和最低能见度的影响。

9.2.1 大雾灾害的可能性分析

用大雾发生概率来表征灾害风险的可能性大小。根据太原市1979—2018年大雾观测记录，划分大雾灾害发生可能性等级（表9-1）。

表9-1 太原市大雾可能性等级划分标准表

可能性等级	可能性很小A	可能性小B	有可能C	可能性大D	可能性很大E
概率（p）	<0.05	[0.05,0.08)	[0.08,0.12)	[0.12,0.15)	≥0.15

1979—2018年8月二青会期间，太原市平均大雾日数2.9天，发生概率0.094，可能性等级为C级，有可能出现大雾天气。

9.2.2 大雾灾害的严重性分析

随着城市化进程的推进，城市人口快速增长，路网越来越稠密，大雾造成的影响呈多方放大趋势，造成的危害日益严重。气象上用能见度的大小划分雾的严重程度；结合太原市的实际，按能见度的大小将雾划分为5个等级（表9-2）。

表9-2 太原市大雾灾害严重性等级划分标准表（单位：m）

大雾等级	一级雾	二级雾	三级雾	四级雾	五级雾
严重性含义	轻	一般	较严重	严重	很严重
最低能见度	[1000,800)	[800,500)	[500,200)	[200,50)	≤50

二青会期间，1979年至2018年8月，太原市出现的117次大雾过程中，最小能见度平均为502 m；能见度在500～1000 m的占比47.4%；200～500 m的雾占35.6%；50～200 m的雾占15.8%；能见度低于50 m的雾仅占5.3%。考虑到8月雾出现时间段，日出后即趋于消散，加权综合评价大雾等级为二级，大雾灾害为一般。

9.2.3 大雾灾害风险等级评估

综合上述大雾灾害天气的可能性与严重性分析，按照表3-3灾害性天气风险等级判别，评定二青会期间太原市大风灾害风险等级为低。

9.2.4 大雾致灾因子的危险性区划

对太原各县（市、区）8月平均大雾日数（图9-5）和雾日最小能见度资料进行标准化处理，二者的权重比例在致灾因子中各占0.5。用ArcGIS 10.0中普通克里金插值方法和栅格计算器进行空间分析和参差分析求和得到大雾灾害风险指数栅格数据后，采用自然断点法将其划分为很高(≥0.80)、高[0.58,0.80)、中[0.39,0.58)、低[0.25,0.39)、很低(<0.25)5个级别，得到太原市大雾致灾因子危险性区划图(图9-6)，其空间分辨率为1 km×1 km。由图9-6可看出，大雾高风险区主要集中在太原市河谷平原与盆地区域，清徐大雾危险性很高；娄烦危险性最低。

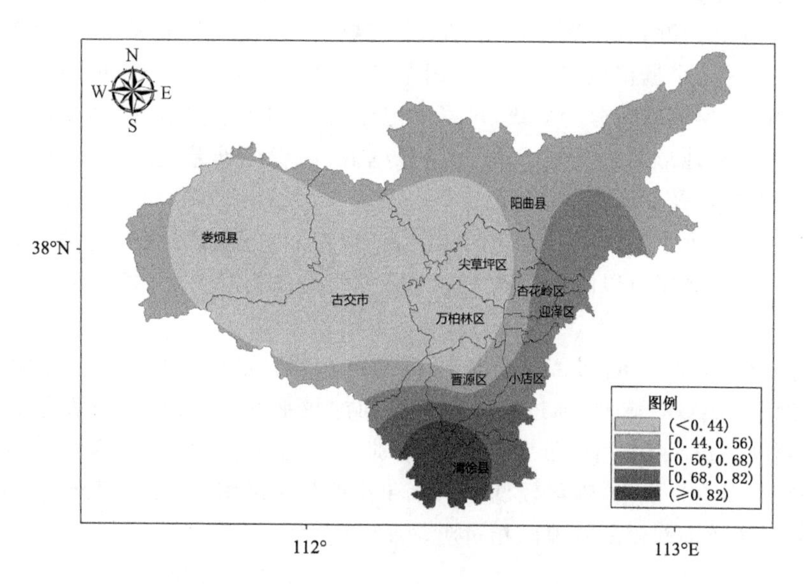

图9-5 太原市大雾平均日数分布图(单位:天)

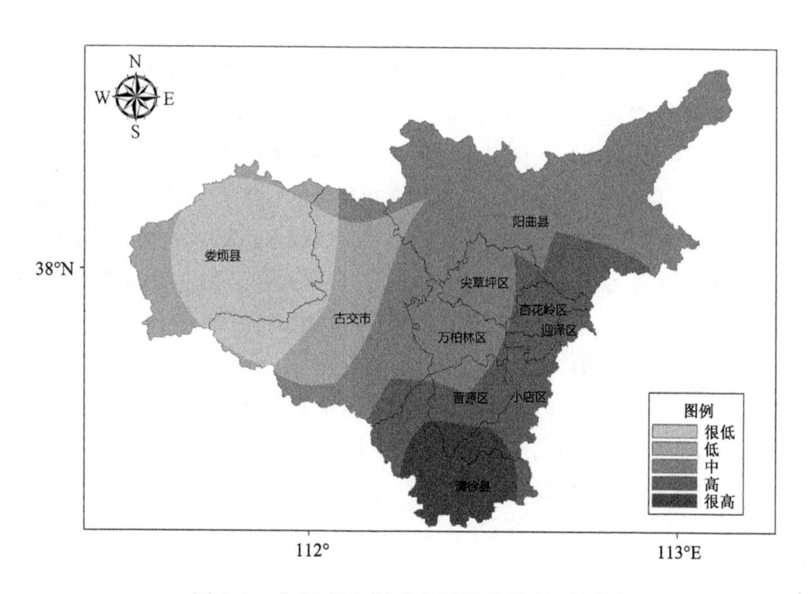

图9-6 太原市大雾致灾因子危险性区划图

9.3 孕灾环境敏感性分析及区划

从引发、影响大雾灾害的条件和机理分析，孕灾环境条件主要指地形、河网等因子的综合影响。地形主要包括地表高程和地势起伏变化。一般认为，高程越低，地形起伏越小，越容易形成雾。河网主要考虑河网密度。河网越密集，遭受大雾灾害的风险越大。

根据太原市实际情况，利用数字地图，在GIS软件中直接提取地表高程；地势起伏采用高程标准差表示，即用每个栅格点与周围8个栅格点的高程标准差来表示地势起伏。将全市海拔高度分为5级，地形标准差分为3级，可以确定如表3-4所描述的综合地形因子与大雾灾害危险程度关系来换算地形因子系数。这样，高程越低，高程标准差越小，综合地形因子系数越大，表示越容易形成雾及其灾害。

河网密度一定程度上反映了一个地区的湿度（水汽）与下垫面条件，它对大雾的最小能见度有较大影响。河网密度可以间接反映大雾灾害危险性的相对大小，即河网密度高的地方，遭遇大雾的可能性较大。

通过综合分析，地形与河网密度因子权重比例相当，在孕灾环境敏感性中的权重比为0.5∶0.5；借助于ArcGIS软件，通过自然断点法和加权平均法，按照造成大雾灾害敏感性综合指数大小，划分为很高、高、中、低、很低5个级别，得到空间分辨率为1 km×1 km的孕灾环境敏感性区划图（图略），发现，地势较低的平原和盆地孕灾敏感性很高，河网越密集的区域，正好与大雾孕灾环境敏感性较高的地区相对应。

9.4 承灾体易损性分析及区划

承灾体易损性主要指可能受到大雾等气象灾害威胁的所有人民生命财产的损失程度，这与该地区的人口和财产集中程度有很大关系。当人口和财产越集中，则易损性越高，可能遭受潜在损失越大，气象灾害风险越大。因此，易损性主要考虑人口密度、GDP密度和耕地面积比三个方面，在其他灾害条件同样的条件下，人口密度、GDP密度和耕地面积比越大，则大雾造成的损失就越严重。但由于各个因子对大雾灾害的影响程度大小不同，故其权重系数也不同，综合考虑太原市实际情况和专家打分，对人口密度、GDP密度和耕地面积比3个因子的权重系数分别赋值为0.5、0.4、0.1，通过ArcGIS软件进行叠加后，采用自然断点法得到承灾体的易损性区划图，其空间分辨率为1 km×1 km，按各因子易损性综合指数大小划分为很高（≥0.73）、高[0.63，0.73）、中[0.53，0.63）、低[0.37，0.53）、很低（<0.37）5个级别，如图9-7所示。由图可以看出，迎泽、杏花岭、小店大雾易损性风险很高，万柏林大雾灾害易损性风险为高，其他地区大雾灾害易损性相对较低。

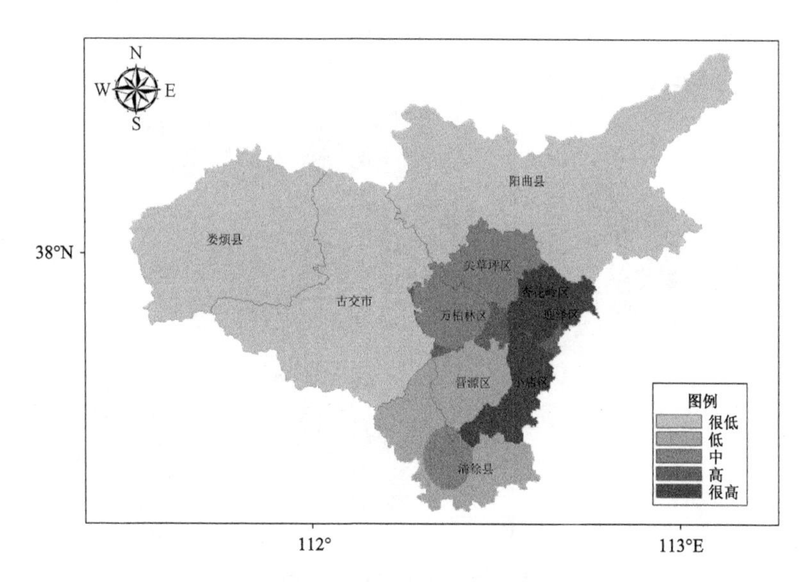

图 9-7 太原市承灾体大雾灾害易损性区划图

9.5 大雾灾害综合风险区划与分析

9.5.1 大雾灾害风险指数评估模型

在大雾灾害致灾因子危险性、孕灾环境敏感性、承灾体易损性分析的基础上，还进行了防灾减灾能力等的分析。在此基础上，根据太原市实际情况和专家的评估打分，建立了太原市大雾灾害风险指数评估模型如下：

$$DRI = f(HW_h,\ EW_e,\ VW_v,\ RW_r) \tag{9.1}$$

式中，DRI 是大雾灾害风险指数；H、E、V、R 分别表示致灾因子危险性、孕灾环境敏感性、承灾体易损性和防灾减灾能力四个因子，W_h、W_e、W_v、W_r 表示相应的权重系数，通过专家打分，分别赋值 0.5、0.2、0.2、0.1。

9.5.2 大雾灾害综合风险区划与分析

由大雾灾害风险指数评估模型，借助于 ArcGIS 软件，通过空间分析工具和栅格计算器，将大雾致灾因子危险性、孕灾环境敏感性、承灾体易损性和防灾减灾能力四个因子按照各自的权重系数做栅格计算叠加，最后得到太原市大雾灾害综合风险区划(彩图 9-8)，其空间分辨率为 1 km×1 km。根据大雾灾害风险综合指数大小分别将其划分为很高(≥0.77)、高[0.63，0.77)、中[0.51，0.63)、低[0.43，0.51)、很低(<0.43)。由彩图 9-8 可以看出，8 月，太原市清徐、小店南部位于大雾灾害风险很高的区域；小店中北部、迎泽、杏花岭大雾灾害风险为高；娄烦、古交大部大雾灾害风险为很低。

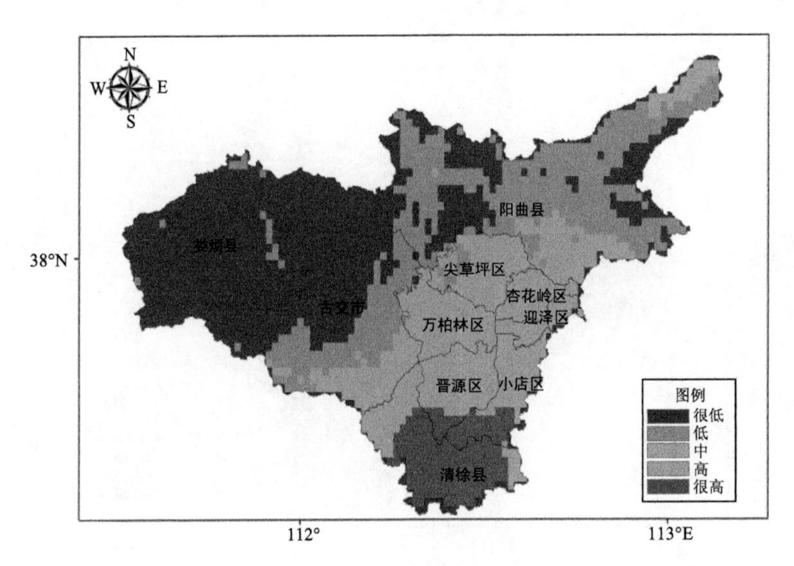

图 9-8 太原市大雾灾害综合风险区划图

9.6 二青会场馆大雾灾害风险分析

依据各场馆所在位置及所在区域大雾灾害综合风险区划等级，结合二青会期间太原市大雾天气可能性、严重性及风险评估结果，评定各场馆区大雾灾害风险等级为：清徐场馆区大雾灾害风险较高；小店场馆区、晋源场馆区、迎泽场馆区大雾灾害风险为中等；万柏林场馆区、尖草坪场馆区大雾灾害风险为低，阳曲场馆区大雾灾害风险为很低。

9.7 大雾灾害风险评估结论

二青会期间，太原市大雾灾害风险等级低，历史同期出现大雾的可能性为 C 级，大雾强度等级二级，即二青会期间各项活动有可能受大雾天气影响。但由于大雾持续时间较短，影响有限。对二青会场馆而言，清徐场馆区大雾灾害风险为较高；小店场馆区、晋源场馆区、迎泽场馆区大雾灾害风险为中等；万柏林场馆区、尖草坪场馆区、尖草坪场馆区大雾灾害风险为低；阳曲场馆区大雾灾害风险很低。

第 10 章　二青会期间气象灾害重叠风险评估

太原位于温带大陆性季风气候区，自然灾害种类繁多，常有两种或以上高影响天气重叠发生的现象，给工农业生产和城市社会经济造成极大的威胁。本章将对其进行逐一统计，对比分析，采用风险矩阵评价的方法，并给出重叠灾害综合风险评价模型。

10.1　多灾害重叠天气分析

(1)多灾害重叠天气发生的频次

根据第 2 章对多灾害重叠天气风险源的定义，表 10-1 给出了 1979—2018 年 8 月 7 种灾害性天气不同组合重叠出现次数的统计结果。发现，雷暴最易与其他灾害性天气同时发生，246 个重叠天气中有 231 次是雷暴与别的灾害重叠；其次是大风，有 82 次；短时强降水列第三，有 75 次；冰雹有 50 次；暴雨的次数有 38 次；大雾与其他天气同时出现的有 26 次，最少与别的天气同日出现的是高温，只有 19 次。

表 10-1　1979—2018 年 8 月多灾害重叠天气统计表

二种灾害重叠天气		三种灾害重叠天气		四种灾害重叠天气	
名称	日数(天)	名称	日数(天)	名称	日数(天)
雷暴＋大风	68	雷暴＋暴雨＋短时强降水	7	雷暴＋大风＋冰雹＋短时强降水	2
雷暴＋短时强降水	45	雷暴＋冰雹＋短时强降水	7	雷暴＋暴雨＋大风＋短时强降水	2
雷暴＋冰雹	36	雷暴＋大风＋短时强降水	1		
雷暴＋大雾	23	雷暴＋大风＋冰雹	3		
雷暴＋暴雨	17	雷暴＋大风＋高温	1		
雷暴＋高温	17	雷暴＋大风＋大雾	1		
暴雨＋短时强降水	10	雷暴＋大雾＋冰雹	1		
暴雨＋大风	1	暴雨＋大风＋短时强降水	1		
高温＋大风	1				
大雾＋大风	1				
大雾＋冰雹	1				

(2)两种灾害性天气的组合

了解哪些灾害性天气容易同时发生，对多种灾害重叠天气出现风险的防范和管理是很重要的。分析太原7个国家气象站，两种灾害重叠天气出现的发生概率较高。在220次两种灾害重叠天气事件中，雷暴与大风同时发生的灾害性天气最多，有68次；其次为雷暴与短时强降水同时发生的灾害性天气，有45次；雷暴与冰雹重叠的天气排第三，说明强对流天气是8月天气舞台的主角，应加强防范。"雷暴＋暴雨"与"雷暴＋高温"的天气组合频次相当；"暴雨＋短时强降水"灾害的组合发生频次虽只有"雷暴＋短时强降水"的1/4，但其造成的灾害影响后果却不可小觑；其他灾害的组合发生频次较低(表10-1)。

(3)三种灾害性天气组合

近40年，三种灾害重叠天气共发生了22次，"雷暴＋暴雨＋短时强降水"与"雷暴＋冰雹＋短时强降水"发生的频次相当，有7次，较易发生；"雷暴＋大风＋冰雹"的组合次之；"暴雨＋大风＋短时强降水"虽只发生过1次，但这种灾害性天气组合的破坏力极强，仍应做好防范准备。

(4)四种灾害性天气组合

四种灾害性天气同时出现，多是强对流天气导致的。"雷暴＋大风＋冰雹＋短时强降水"，和"雷暴＋暴雨＋大风＋短时强降水"分别出现过2次。需要注意的是，2019年8月8日二青会开幕日的历史上，1999年8月8日19时前后在城区曾出现过"雷暴＋暴雨＋大风＋短时强降水"的极端天气组合，虽然过程持续时间不足2小时，但降水强度却达到60.0 mm/h，创历史极值，造成了严重的城市内涝，导致市区交通瘫痪。须高度重视，提前制定应急预案。

10.2 综合灾害风险评估

进行太原市综合灾害风险评估，须结合气象灾害的特点，将灾害发生的可能性与严重性进行相对的、定性的等级划分。根据太原市灾害性天气出现的频繁程度，对灾害的可能性进行分级；采用专家评判的方法确定灾害的严重性等级分级。

表10-2中五个可能性等级A、B、C、D、E分别表示灾害发生"可能性很小、可能性小、有可能、可能性大和可能性很大"；其具体含义分别为几乎不可能发生、不易发生但有可能发生、有时可能发生、频繁发生和若干次频繁或连续发生。

表10-2 灾害性天气发生的可能性等级表

可能性等级	等级说明	含义
E	可能性很大	若干次频繁或连续发生
D	可能性大	频繁发生
C	有可能	有时可能发生
B	可能性小	不易发生但有可能发生
A	可能性很小	几乎不可能发生

表10-3中五个严重性等级1级、2级、3级、4级、5级，分别对应影响后果轻微、一般、较重、严重、很严重；其确定标准从人员伤亡、经济损失和社会影响三个方面考虑。

表 10-3 灾害性天气的严重性等级表

后果严重性等级	等级说明	影响后果说明
5	很严重	人员伤亡+重大经济损失+重大社会影响
4	严重	人员伤残+重大经济损失+ 一般社会影响
3	较重	重大经济损失+重大社会影响
2	一般	重大经济损失或重大社会影响
1	轻微	一般经济损失或一般社会影响

根据第3～9章对7种灾害性天气可能性的详细分析，结合重叠发生的灾害风险源的性质、发生频率等因素，确定了7种气象灾害在综合灾害中的可能性等级：雷暴为E级，短时强降水为D级、暴雨天气为D级；冰雹天气为C级；大雾为C级；高温天气为B级；大风为B级。

根据第3～9章对7种灾害性天气严重性评价、风险承受与控制能力分析区划，结合对灾害重叠天气影响区域和灾情分析，重点考虑各种组合灾害对人员伤亡、经济损失以及社会生活造成的影响。确定了7种气象灾害在综合灾害中影响后果严重性等级：暴雨为5级、短时强降水为4级、雷暴为3级，冰雹为3级、大风为3级、高温为2级、大雾为2级。

表 10-4 风险后果等级参考表

严重性等级		1	2	3	4	5
可能性等级	A	很低	低	低	中	中
	B	低	低	中	中	高
	C	低	中	中	高	高
	D	中	中	高	高	很高
	E	中	高	高	很高	很高

依据表10-4，对各灾种的风险后果等级进行划分，给出各灾种的综合灾害风险评估等级（表10-5）。结果为：暴雨为很高风险级别；短时强降水、雷暴为高风险级别；冰雹、大风为中等风险级别；高温、大雾为低风险级别。

在对重叠灾害进行评估时，按重叠灾害中风险等级较高的灾害确定综合灾害风险等级。

表 10-5 太原市各灾种的综合灾害风险评估等级

风险源	可能性等级	后果严重性等级	风险等级
雷暴	E	3	高
暴雨	D	5	很高
短时强降水	D	4	高
冰雹	C	3	中
大风	C	3	中
高温	B	3	低
大雾	B	2	低

第11章 二青会期间气象灾害风险承受与控制能力分析

第二届全国青年运动会期间，正值太原主汛期，暴雨、强对流、高温等高影响致灾性天气出现概率较高，气象灾害是可能影响太原二青会的主要自然灾害之一。

Kloman(1990) 把灾害管理分解为三个步骤，即风险评估、风险控制和风险承受，并把风险控制和风险承受作为风险决策的理论基础。因此，进行二青会期间太原市气象灾害的风险承受与控制能力分析具有十分重要的现实意义。

由于太原市复杂的地理环境，各灾种特征不同，因此，在第 3～9 章，分别依据暴雨、短时强降水、雷暴、冰雹、高温、大风、大雾灾害的时空分布特征，进行了灾害天气发生的可能性、严重性分析与风险分级，在致灾因子危险性、孕灾环境敏感性、承灾体易损性和防灾减灾能力等分析的基础上，完成了各种灾害综合风险区划，为准确评估二青会期间各场馆气象灾害风险奠定了坚实的基础。本章将横向考虑 7 种气象灾害的特征，进行风险承受与控制能力分析，以期为太原二青会期间气象灾害的风险管理以及太原市气象灾害应急预案的制定提供科学依据。

二青会期间太原市 7 种主要气象灾害的风险承受与控制能力分析是一个涉及建立指标体系、指标定量化和指标权重计算的综合问题，而且，还应考虑承灾体的易损度空间差异。层次分析法(简称 AHP)是 20 世纪 70 年代美国运筹学家 Saaty 提出的一种分析方法，其通过建立指标体系间的层次结构、构造判别矩阵，最后确定指标权重。本章将选用层次分析模型，按目标、方案、准则三层结构，对 7 种气象灾害的风险承受与控制能力进行分析，以区县为评估单元，对太原市易损度空间差异进行综合评估。

11.1 风险承受能力与风险控制能力分析

11.1.1 指标体系和层次结构模型

进行二青会期间太原市气象灾害风险承受能力与风险控制能力分析，首先要建立合理的指标体系。指标体系的逻辑结构不仅要符合社会生活所固有的客观规律，而且应具有代表性和简明性，同时在量化分析时还应具有一定的可操作性。

经过风险源调查，暴雨、短时强降水、雷暴、冰雹、高温、大风、雾是太原二青会期间的 7 种主要的气象灾害。通过分析 7 种气象灾害风险特征，选取 8 个指标进行太原二青会期间的风险承受与风险控制能力分析。其中灾害风险的属性指标有：①气象灾害发生的可能性；②气象灾害后果的严重性。风险控制能力指标有：①气象灾害的预报预警能力；②人工影响天气的能力；③防范规避能力。风险承受能力指标为：①气象灾害对经济的影响力；②气象灾害对人口的影响力；③气象灾害对二青会的影响力。

按照层次分析原理，建立层次结构模型（图 11-1），利用层次分析法，对太原市二青会期间气象灾害风险承受能力与风险控制能力进行分析。

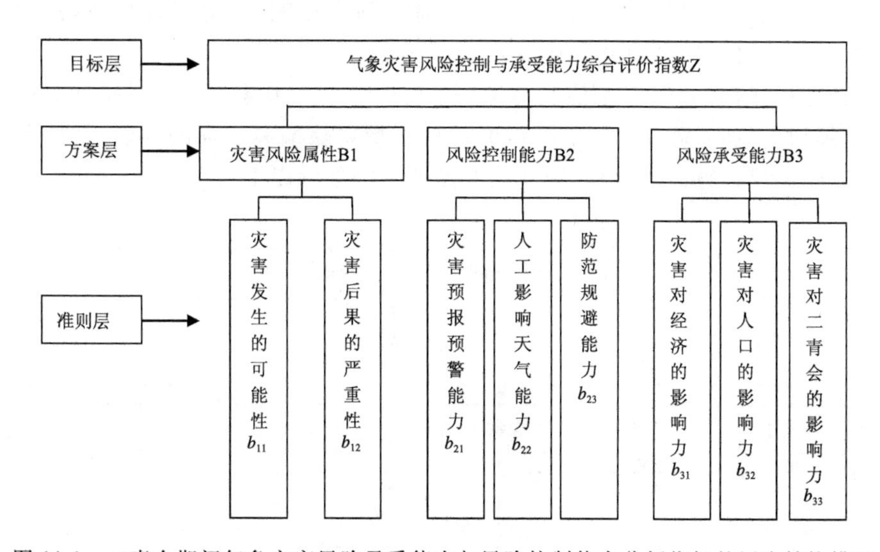

图 11-1　二青会期间气象灾害风险承受能力与风险控制能力分析指标的层次结构模型

11.1.2　指标的评语集合定量化分析

对层次结构模型中指标的准确量化是灾害风险承受能力与风险控制能力分析评估的关键。本研究借鉴灰色关联分析中设定评语集的方法，对太原二青会期间风险承受能力与风险控制能力分析指标进行量化，即先给分析指标拟定合适的评语集并赋予相应的等级值，由有经验的专家选定评语，最后通过评语来确定各指标的量值。

对 8 个分析指标分别给出 5 个评语，记为 V_1，V_2，V_3，V_4 和 V_5，即 $V=\{V_1,V_2,V_3,V_4,V_5\}$。对 V_1，V_2，V_3，V_4 和 V_5 分别赋予 1、2、3、4、5 的等级分值。分值越大，表示风险的承受能力和控制能力越弱；反之，则表示风险承受能力和控制能力越强。

b_{11}评语集为{灾害的可能性很小，灾害的可能性小，灾害的可能性一般，灾害的可能性大，灾害的可能性很大}；

b_{12}评语集为{灾害的后果轻微，灾害的后果轻，灾害的后果一般，灾害的后果较严重，灾害的后果很严重}；

b_{21}评语集为{预报预警能力很强，预报预警能力强，预报预警能力中等，预报预警能力弱，预报预警能力很弱}；

b_{22}评语集为{人工影响能力很强，人工影响能力强，人工影响能力一般，人工影响能力弱，人工影响能力很弱}；

b_{23}评语集为{规避与转移能力很强，规避与转移能力强，规避与转移能力一般，规避与转移能力弱，规避与转移能力很弱}；

b_{31}评语集为{对经济影响很小，对经济影响小，对经济影响一般，对经济影响大，对经济影响很大}；

b_{32}评语集为{影响的人口很少，影响的人口少，影响的人口一般，影响的人口多，影响的人口很多}；

b_{33}评语集为{对二青会活动影响很小，对二青会活动影响小，对二青会活动影响中等，对二青会活动影响大，对二青会活动影响很大}。

评语集选定后，借鉴 Delphi 法进行专家评估(图 11-2)。专家针对上述指标首先各自给出评语；接着开展讨论，经过陈述理由、质询和答辩，尽量剔除偏离实际的判断；最后专家评估团形成一致的评估结果。评语、评语等级值及专家评估结果见表 11-1 所示。

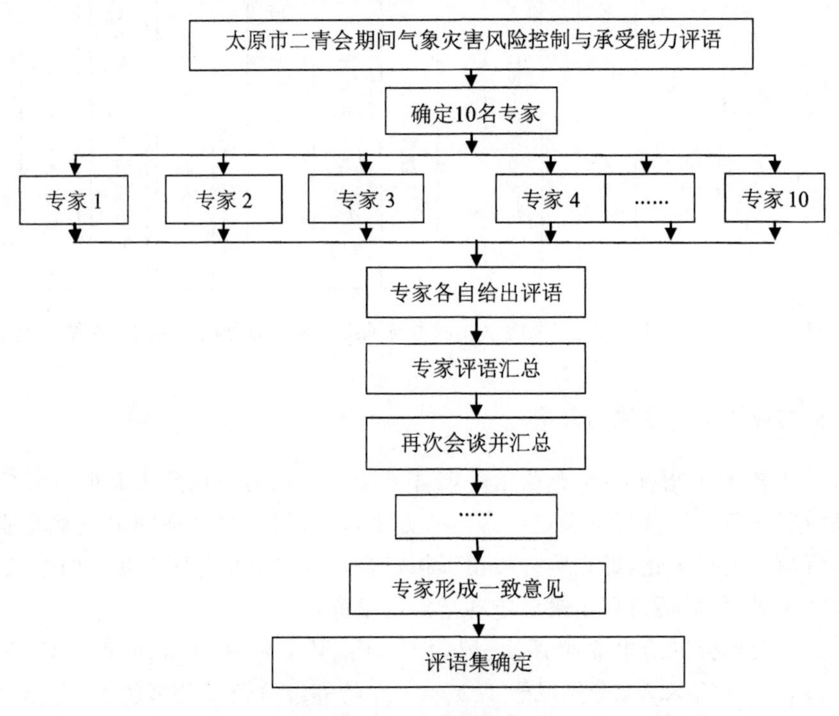

图 11-2　专家评分流程图

11.1.3　评估指标相对重要性(权重)分析

为了衡量气象灾害发生的可能性、严重性；预报预警能力、人工影响天气能力、防范规避能力；气象灾害影响经济能力、气象灾害影响人口能力、气象灾害影响二青会活动能力 8 个评估指标的相对重要性，采用 Saaty 标度法进行分析。

(1)对 8 个评价因素指标进行两两比较，得到定性的分析评估结果；然后用标度法(标度 1～9的具体含义见表 11-2)进行量化。

表 11-1　七种气象灾害的评语和等级值表

评语等级值	灾害属性指标		风险控制能力指标				风险承受能力指标	
	可能性	严重性	预报预警能力	人工影响天气能力	防范规避能力	灾害影响经济能力	灾害影响人口能力	灾害影响二青会能力
雷电	4	5	2	4	3	4	3	3
冰雹	4	3	4	3	2	2	3	4
大风	2	3	2	4	4	3	3	4
短时强降水	4	5	3	4	3	3	4	4
高温	3	3	2	4	3	3	4	4
暴雨	5	5	3	4	3	4	5	5
大雾	3	2	2	4	4	3	3	3

表 11-2　标度法的含义

标度	含义
1	两个因素相比,同等重要
3	两个因素相比,因素 1 比因素 2 稍微重要
5	两个因素相比,因素 1 比因素 2 重要
7	两个因素相比,因素 1 比因素 2 明显重要
9	两个因素相比,因素 1 比因素 2 绝对重要
2,4,6,8	上述判断的中间值
1,1/3,…,1/7,1/9	两个因素相比与上述说明相反

(2)依据表 11-2,将定性的评估指标进行逐个两两比较,构建判别矩阵 **B**。

$$\boldsymbol{B}=\begin{bmatrix} 1 & 1 & 5 & 7 & 9 & 3 & 3 & 3 \\ 1 & 1 & 5 & 7 & 9 & 3 & 3 & 3 \\ 1/5 & 1/5 & 1 & 3 & 5 & 1/3 & 1/3 & 1/5 \\ 1/7 & 1/7 & 1/3 & 1 & 3 & 1/5 & 1/5 & 1/5 \\ 1/9 & 1/9 & 1/5 & 1/3 & 1 & 1/7 & 1/7 & 1/7 \\ 1/3 & 1/3 & 3 & 5 & 7 & 1 & 1 & 1/3 \\ 1/3 & 1/3 & 3 & 5 & 7 & 1 & 1 & 1 \\ 1/3 & 1/3 & 3 & 5 & 7 & 1 & 1 & 1 \end{bmatrix} \tag{11.1}$$

(3)计算判别矩阵 **B** 的特征根,选择最大特征根 $\lambda_{\max}=8.478$,并对特征向量进行归一化处理,得到:$\omega=(0.27,0.27,0.05,0.03,0.02,0.10,0.11,0.15)^T$,即为 8 个指标的权向量。

(4)进行一致性检验。

一致性系数:$I_c=(\lambda_{\max}-n)/(n-1)=(8.478-8)/(8-1)=0.068$;　(11.2)

查表知,当 $n=8$ 时,随机一致性指标 $I_R=1.41$,则,一致性比率 $R_c=I_c/I_R=0.048<0.1$,判别矩阵通过检验,特征向量 ω 可以作为 8 个指标的权重。

11.1.4 风险承受与风险控制能力指数

太原市二青会期间气象灾害风险承受与控制能力指数由下式计算：

$$C=\omega_1 b_{11}+\omega_2 b_{12}+\omega_3 b_{21}+\omega_4 b_{22}+\omega_5 b_{23}+\omega_6 b_{31}+\omega_7 b_{32}+\omega_8 b_{33} \tag{11.3}$$

将7种气象灾害的指标评语等级值及权重系数代入公式(11.3)，分别计算每个灾种的风险承受与控制能力指数，得到雷暴、冰雹、大风、短时强降水、高温、暴雨、大雾的风险承受与控制能力指数分别为3.89、3.35、2.88、4.25、3.24、4.73、2.31。对照评语集可知，指数值越大表示风险承受与控制能力越弱；指数值越小，表示风险承受与控制能力越强。因此，太原市二青会期间7种主要气象灾害中，暴雨灾害的风险承受与控制能力很弱，指数值 $C\geqslant4.5$；短时强降水和雷暴灾害的风险承受与控制能力弱，指数值 $3.75\leqslant C<4.5$；冰雹和高温灾害的风险承受与控制能力中等，指数值 $3.0\leqslant C<3.75$；大风灾害的风险承受与控制能力强，指数值 $2.5\leqslant C<3.0$；大雾灾害的风险承受与控制能力很强，指数值 $C<2.5$（图11-3）。

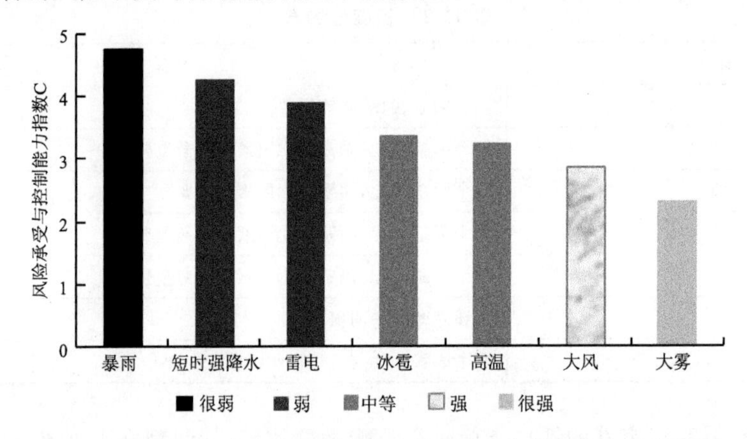

图11-3 太原市二青会期间气象灾害风险承受与控制能力排序结果

由图11-3可见，二青会期间，7种气象灾害的风险承受与控制能力差异较大。相关部门应着重对暴雨、短时强降水、雷电灾害这些风险承受与控制能力较弱的灾种，加强风险管理，制定周密的应急预案，防范可能出现的风险。

11.2 太原市气象灾害易损度空间差异分析

为进一步分析太原市气象灾害风险承受能力与风险控制能力的易损度空间差异，选取反映太原市各县(市、区)发生气象灾害的可能性和严重性属性的灾害模数 T、表示区域内发生气象灾害时单位面积上经济损失的经济易损模数 D、表示区域内发生气象灾害时单位面积上受危害的人口数量的生命易损模数 L，计算太原市各县(市、区)在二青会期间气象灾害易损度模数 V。即

$$V=f(D,L,T) \tag{11.4}$$

式中，$D=D_G/S$，D_G 为各县(市、区)GDP生产总值，S 为行政区面积；$L=L_R/S$，L_R 为各县(市、区)常住人口数；各县(市、区)行政区面积、GDP生产总值、常住人口等数据来源于《太原

市统计年鉴2018》。参量 D 反映区域经济对气象灾害的敏感性；L 反映区域人员生命对气象灾害的敏感性。

依照风险承受与控制能力分析中的评语集方法，将 D，L，T 各分为5级，并确定评语集，分别赋予易损性指标等级分值1、2、3、4、5。

经济易损模数 D 的评语集为{经济对灾害很不敏感，经济对灾害不敏感，经济对灾害敏感度一般，经济对灾害敏感，经济对灾害很敏感}；

生命易损模数 L 的评语集为{人口对灾害很不敏感，人口对灾害不敏感，人口对灾害敏感度一般，人口对灾害敏感，人口对灾害很敏感}；

灾害模数 T 评语集为{灾害的后果轻微，灾害的后果轻，灾害的后果一般，灾害的后果较严重，灾害的后果很严重}。

根据灾害模数 T、经济易损模数 D 以及生命易损模数 L 空间分布特征，结合风险源调查结果，按照图11-2流程，专家给出了10个区（市、县）各自的指标等级值（表11-3），且认为这3个指标权重大体相同。为此，将3个气象灾害易损性指标值之和定义为易损度模数 V，用以表征各县（市、区）的空间易损性的强弱

$$V = D + L + T \tag{11.5}$$

易损度模数 V 的数值越大，表示该区域内气象灾害的易损性越高，风险承受能力与风险控制能力越弱；V 值越小，气象灾害的易损性越低，风险承受与控制能力越强。各县（市、区）的 V 值见表11-3。

表11-3　太原市10县（市、区）气象灾害易损性指标表

名称	灾害模数 T	经济易损模数 D	生命易损模数 L	易损度模数 V
小店区	3	4	4	11
迎泽区	3	5	5	13
杏花岭区	4	4	5	13
尖草坪区	4	3	3	10
万柏林区	4	3	4	11
晋源区	3	2	3	8
古交市	3	1	1	5
清徐县	4	2	2	8
阳曲县	3	1	1	5
娄烦县	2	1	1	4

依据表11-3，将易损度模数分为5级，得到太原市二青会期间气象灾害易损度区划图（图11-4）。由图中可以看出，城区易损度模数普遍高于县（市、区）；迎泽区、杏花岭区位于易损度很高区域，二青会期间气象灾害的风险承受与风险控制能力最弱；小店区、尖草坪、万柏林区属于易损度高的区域，二青会期间气象灾害的风险承受与风险控制能力较弱；晋源区、清徐县属于中易损区，二青会期间气象灾害的风险承受与风险控制能力中等；古交市、阳曲县属于易损度相对较低的区域，二青会期间气象灾害的风险承受与风险控制能力较强；娄烦县属于低易损区域，二青会期间气象灾害的风险承受与风险控制能力强。相关部门在进行风险管理时，应重

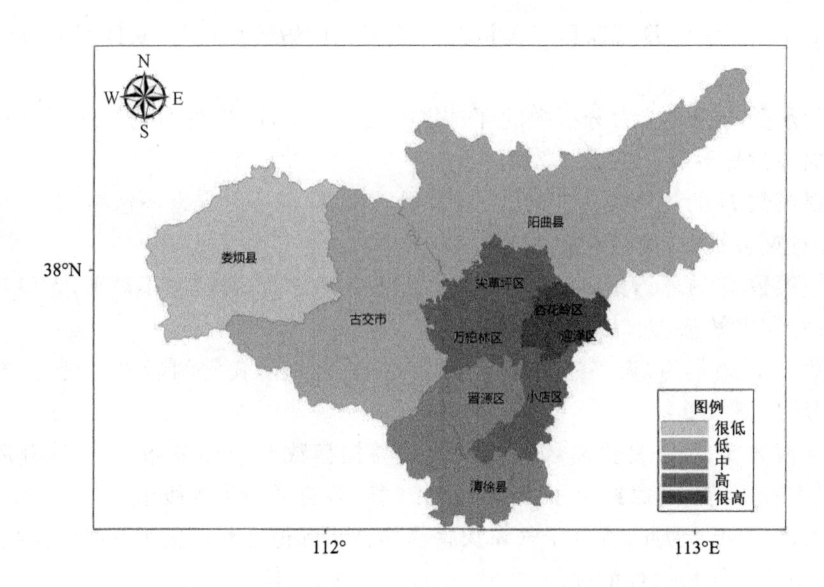

图 11-4 太原市青运会期间气象灾害易损度区划图

点关注城六区、清徐县这些区域易损度相对较高的地区。

11.3 结论

应用 AHP 方法，分析了二青会期间太原市 7 种主要气象灾害的风险承受与风险控制能力，并以各县(市、区)为评估单元，进行了空间易损度分区。

(1)太原市二青会期间气象灾害风险承受与风险控制能力分析的指标体系包括：气象灾害发生的可能性、气象灾害后果的严重性；气象灾害预报预警能力、人工影响天气能力、防范规避能力；气象灾害对经济的影响力、气象灾害对人口的影响力、气象灾害对二青会的影响力 8 个评估指标。

(2)太原市二青会期间，7 种高影响天气的风险承受与风险控制能力差异较大，暴雨的风险承受与风险控制能力最弱，大雾的风险承受与风险控制能力最强。由弱到强依次为暴雨、短时强降水、雷暴、冰雹、高温、大风、大雾。

(3)对太原市 10 个县(市、区)二青会期间气象灾害易损度空间差异分析表明，迎泽区、杏花岭区属于很高易损区；小店区、尖草坪区、万柏林区属高易损区；晋源区、清徐县属中易损区；古交市、阳曲县属低易损区；娄烦县属很低易损区。

(4)相关部门在进行二青会气象灾害风险管理时，应重点关注风险承受与风险控制能力较弱的暴雨、短时强降水和雷暴等风险源，迎泽区、杏花岭区、小店区、尖草坪区、万柏林区这些气象灾害高易损区域应作为重点地区加以防范。

第12章　风险控制措施与工作建议

风险控制是风险评估完成后实施的行为，是风险管理的后续过程，它虽然属于风险评估本身的工作内容，但由于其包括对风险评估过程中建议的安全措施进行优先级排序和灾情评估等内容，因此，风险控制又与风险评估的内容密切相关。各级管理人员和相关职能部门有责任给出相应的风险控制措施和工作建议，运用最小成本来实现最优的控制，将自然灾害的风险降低到一个可接受的级别，使得对单位造成的负面影响最小化。本章对太原二青会期间主要气象灾害分别给出相应的风险控制措施和工作建议。

12.1　暴雨灾害

二青会期间，出现暴雨灾害的风险很大。暴雨可导致山洪、中小河流洪水、农田渍害等灾害，威胁人们生命财产安全；还可诱发城市内涝、山体滑坡、地面塌陷等地质灾害，造成交通中断、航班延误等。因此，掌握暴雨灾害的发生特点，尽早地规避风险，对于防范和减轻暴雨灾害具有重要意义。根据暴雨灾害的成灾特点及风险特征，提出下列防范措施与建议。

（1）严格按照相关应急预案执行应对暴雨灾害的处置措施，减轻对交通的不利影响。

（2）河道、沟渠、缓洪池的淤积会降低这些工程设施的蓄洪、泄洪能力，应通过截污、清淤、疏浚等治理，改善和提高防洪能力。

（3）做好防汛坝、排水泵站、雨水管网等城市防汛设施的检查和维护。

（4）加强暴雨天气预报及其暴雨诱发的地质灾害、城市内涝灾害的预报研究，提高暴雨预警能力和水平，及时发布各类灾害预警，以达到防灾的目的。

（5）对比赛场馆附近的重点区域加强值守，发现积水、渗漏等问题及时处置。

（6）交通管理部门要根据路况，在暴雨积水路段实行交通引导，减轻内涝灾害影响。

（7）在气象部门发布暴雨预警信号后，新闻宣传单位应提示公众注意防范暴雨灾害；应将预警信号的含义等相关信息和主要防御措施告知市民；加强科普宣传教育，增强全民防灾减灾意识。

12.2　短时强降水灾害

二青会期间，出现短时强降水灾害的风险大。短时强降水可导致城市道路、立交桥下积水，对城市交通产生影响，严重时可造成交通瘫痪，威胁人民生命财产安全等极端后果。研究掌握短时强降水及其诱发的内涝灾害特点、阈值，对于防范和减轻短时强降水灾害具有重要意义。根据太原短时强降水灾害及其成灾特点，提出以下几点防范措施与建议。

(1)加强短时强降水预报技术研究，提高预报预警能力。

(2)充分利用雷达、卫星、区域自动站等立体监测信息，及时发布短时强降水预报与城市内涝风险预警，最大限度降低灾害影响。

(3)保持排水管网通畅、及时开启排水泵站，提高防汛防洪能力。

(4)对比赛场馆附近的重点区域、易积水点加强监测值守，发现问题及时处置。

(5)在气象部门发布内涝预警信息后，市政等部门应对易积水点加强巡查；新闻宣传单位应提示公众注意防范，增强全民防灾减灾意识。

12.3 雷暴灾害

雷暴灾害主要是通过云、地之间的放电过程形成的，有直击雷、感应雷和雷电波二次侵入三种类型。太原市雷暴灾害时空分布具有明显特点，夏季是雷暴高发季节，14—22 时为 8 月雷暴发生的高峰时段；从雷电强度分布看，8 月份的雷电强度呈现东强西弱分布，强雷电主要位于城六区和阳曲县的东北部。

雷暴灾害不仅可造成建筑物、电子设备、输电线路和通信设备等受损，而且威胁人员生命安全。尤其是近年来，随着信息与计算机网络技术迅速发展，雷电造成的损失越来越大。根据前面章节的研究，主要针对城市预防雷暴灾害提出以下几点防范措施与建议。

(1)提高雷暴灾害预报预警服务能力，做好雷电短临预警及相关防御指南。

(2)按照国家防雷标准《建筑物防雷设计规范》进行建筑物防雷保护设计和施工；对通信网络和设备、中央控制系统、大中型计算机系统、卫星收发设备、机房等做专业的防雷保护。

(3)突出重点，加强防雷设施安全检测工作，提高雷电防护能力。

(4)加强防雷安全知识培训和宣传，普及防雷知识，提高科学防雷意识，最大限度地减少雷暴灾害损失。

12.4 冰雹灾害

冰雹天气突发性强，常与雷电、大风相伴，天气剧烈，可导致室外设施受损，甚至造成人员伤亡。近年来，汽车也成为城市雹灾的主要承灾体，给城市交通安全带来很大的隐患。预防和降低二青会期间冰雹影响的主要措施如下。

(1)加强冰雹天气的监测和潜势预报工作，及时发布冰雹预警信号及相关防御指引。

(2)气象部门适时开展人工防雹作业。

(3)政府相关部门按照职责做好防冰雹的应急和抢险工作；引导户外人员立即到安全的地方暂避，妥善保护易受冰雹袭击的汽车等室外物品或者设备。

(4)由于冰雹天气持续时间较短，户外赛事可适当调整比赛时间，降低或规避冰雹天气影响。

(5)在防范冰雹灾害的同时，注意防御冰雹天气伴随的雷电、大风等灾害。

12.5　高温灾害

高温会导致中暑人数增多，其他与热有关的疾病发病率增加，影响运动员的竞技状态和比赛成绩。同时，高温闷热天气可能给城市能源供应带来巨大的压力，并可能诱发各种事故。预防和降低城市高温灾害影响的主要措施如下。

（1）加强高温天气的监测预报，及时发布高温预警信号及相关防御指引。

（2）晴热天气时，太阳辐射强，气温升温快，回落晚，均对户外赛事带来不利影响，运动员体力消耗大，容易引发中暑，教练员、场上工作人员及观众中暑的可能性也很大，应在赛事安排中充分考虑，避开暑热时段。

（3）高温闷热天气，室内比赛场地、运动员休息区均应设置空调装置，室外比赛场地应设置通风设施降温；在各场馆设立饮水装置和遮阳处；向观众宣传防暑降温的常识，及时给予中暑救助指引等。

（4）应加强安保措施，注意暑热天气提供医疗救援、饮食卫生方面的保障。

（5）应建立气象部门与水利、电力、交通、消费部门联动的防灾减灾应急预案，加强部门联动，降低高温灾害对城市供水、供电、卫生系统的影响。

12.6　大风灾害

发生在城市的大风主要使户外设施、供电线路、通信线路等遭到破坏，供电线路故障会引起火灾，影响空气质量，对城市交通安全非常不利。由于城市的某些地区高层建筑的布局不尽合理，空气流动在建筑间产生“狭管效应”会加重大风灾害的严重程度。因此，预防和减轻大风灾害的措施主要如下。

（1）加强大风灾害的预报、预警工作。

（2）建立气象部门与建筑工程管理部门、交通部门、旅游部门、消防部门联动的防灾减灾应急预案。

（3）在二青会场馆临时建筑物竣工验收时，对各建筑物风灾防御能力开展专项检查，发现隐患及时采取加固等措施。

12.7　大雾灾害

受局地气候影响，太原地区的大雾天气南多北少，虽然 8 月太原大雾持续时间较短，但南部地区是城市交通的枢纽，大雾造成的低能见度视程障碍还可能引发交通阻滞，甚至恶性交通事故。同时，由于雾日，大气静稳，不利于污染物扩散，空气质量较差，影响人们的身体健康。为此，当出现或将要出现不利扩散的天气条件时，就要采取积极的应对措施予以控制。

（1）加强大雾天气的监测预报。加强天气条件特别是低能见度和气溶胶浓度的监测预报，制定二青会期间缓解大雾天气影响的应急预案。

（2）气象与环保部门实行无缝对接，优势互补，加强会商和信息共享，提升对高敏感环境气象的监测、预警和应对处置能力。

(3)如果预计二青会期间可能出现大雾等不利扩散的天气条件，建议城市范围内控制机动车行驶，通过增加公共交通运力、倡导绿色出行等措施，消减机动车污染物排放。

参考文献

卜广志,张宇文,2002.基于灰色模糊关系的灰色模糊综合评判[J].系统工程理论与实践,22(4):141-144.

程丛兰,李青春,扈海波,等,2008.北京地区奥运期间大风灾害的定量评估[J].气象科技,36(6):806-810.

樊运晓,罗云,陈庆寿,2001.区域承灾体脆弱性综合评价指标权重的确定[J].灾害学,16(1):86-87.

关贤军,徐波,尤建新,2008.城市灾害风险的基本构成要素[J].灾害学,23(3):128-131.

郭虎,熊亚军,2008.北京市雷电灾害易损性分析、评估及易损度区划[J].应用气象学报,19(1):35-39.

郭虎,熊亚军,扈海波,2008.北京市奥运期间气象灾害风险承受与控制能力分析[J].气象,34(2):77-82.

郭虎,熊亚军,扈海波,2008.北京市雷电灾害灾情综合评估模式[J].灾害学,23(1):14-17.

何建华.刘螺林,唐新明,2005.离散空间的拓扑关系模型[J].测绘学报,34(4):43-48.

扈海波,董鹏捷,熊亚军,等,2008.北京奥运期间冰雹灾害风险评估[J].气象,34(12):84-89.

扈海波,王迎春,2007.基于数学形态学方法的统计数值空间离散化图谱生成[J].计算机工程,33(21):9-11.

扈海波,王迎春,刘伟东,2007.气象灾害事件的数学形态学特征及空间表现[J].应用气象学报,18(6):802-808.

扈海波,熊亚南,董鹏捷,等,2009.北京奥运期间(6—9月)气象灾害风险评估[M].北京:气象出版社.

黄崇福,2002.用计算机仿真技术检验自然灾害模糊风险模型[J].自然灾害学报,11(1):44-51.

黄崇福,张俊香,陈志芬,等,2004.自然灾害风险区划图的一个潜在发展方向[J].自然灾害学报,13(2):9-15.

黄慧琳,缪启龙,潘文卓,等,2012.杭州市高温致灾因子危险性风险区划[J].气象与减灾研究,35(2):51-56.

蒋勇军,况明生,匡鸿海,等,2001.区域易损性分析、评估及易损度区划——以重庆市为例[J].灾害学,16(3):59-64.

金磊,2002.北京奥运建设规划战略的安全减灾思考—兼议北京城市综合减灾规划的实施问题[J].北京联合大学学报(自然科学版),16(1):12-16.

李军玲,刘忠阳,邹春辉,2010.基于GIS的河南省洪涝灾害风险评估与区划研究[J].气象,36(2):87-92.

刘亚岚,王世新,阎守邕,等,2001.遥感与GIS支持下的基于网络的洪涝灾害监测评估系统关键技术研究[J],遥感学报,5(1):54-57.

罗培,张天儒,杜军,2007.基于GIS和模糊评价法的重庆洪涝灾害风险区划[J].西北师范大学学报,28(2):165-171.

全国气象防灾减灾标准化技术委员会,2018.QX/T 439—2018 大型活动气象服务指南 气象灾害风险承受与控制能力评估[S].北京:气象出版社.

任鲁川,1996.灾害损失等级划分的模糊灾度判别法[J].自然灾害学报,5(3):13-17.

苏军锋,肖志强,魏邦宪,等,2012.基于GIS的甘肃省陇南市暴雨灾害风险区划[J].干旱气象,30(4):650-655.

王迎春,郑大玮,李青春,2009.城市气象灾害[M].北京:气象出版社.

尹娜,肖稳安,2005.区域雷灾易损性分析、评估及易损度区划[J].热带气象学报,21(4):441-449.

张权,李宁,2000.主要气象灾害风险评价与管理的数量化方法及其应用[M].北京:北京大学出版社.

张义军,孟青,马明,等,2006.闪电探测技术发展和资料应用[J].应用气象学报,17(5):613-620.

章国材,2009.气象灾害风险评估与区划方法[M].北京:气象出版社.

章国材,2014.自然灾害风险评估与区划原理与方法[M].北京:气象出版社.

赵阿兴,马宗晋,1993.自然灾害损失评估指标体系的研究[J].自然灾害学报,2(3):1-7.

重庆市气象局，2015. DB/T 583.1—2015 气象灾害风险评估技术规范 第1部分：暴雨[S].

Felix Kloman H，1990. Risk management agonistes[J]. Risk Analysis，10(2)：201-205.

FEMA，2004. Using HAZUS-MH for Risk Assesment [EB/OL]. http://www.fema.gov/plan/prevent/hazus/dl_fema433.shtm.

GB/T 23694—2013 风险管理 术语[S]. 北京：中国标准出版社.

GB/T 27921—2011 风险管理 风险评估技术[S]. 北京：中国标准出版社.

Greving，2006. Multi-risk assessment of Europes region. In：Birkmann J. ed Measuring Vulnerability to Hazards of National Origin [M]. Tokyo：UNU Press，210-226.

Kaplan S，Garrick B J，1981. On the Quantitatve Definition of Risk [J]. RISK Analysis，1(1)：11-27.

Saaty，Thomas L. 1990. How to make a decision：The Analytic Hierarchy Process[J]. European Journal of Operation Research，48(1)：9-26.

Tobin G，Montz B E，1997. Natural Hazards：Explanation and Integration [M]. New York：The Guilford Press，1-388.

UNDP，2004. Reducing disaster risk：A challenge for development [M]. John S. Swift Co.，USA. www.undp.org/bcpr.

United Nations，Department of Human Affairs，1991. Mitigating Natural Disasters：Phenomena，Effects and Options-A Manual for Policy Makers and Planners [M]. New York：United Nations，1-164.

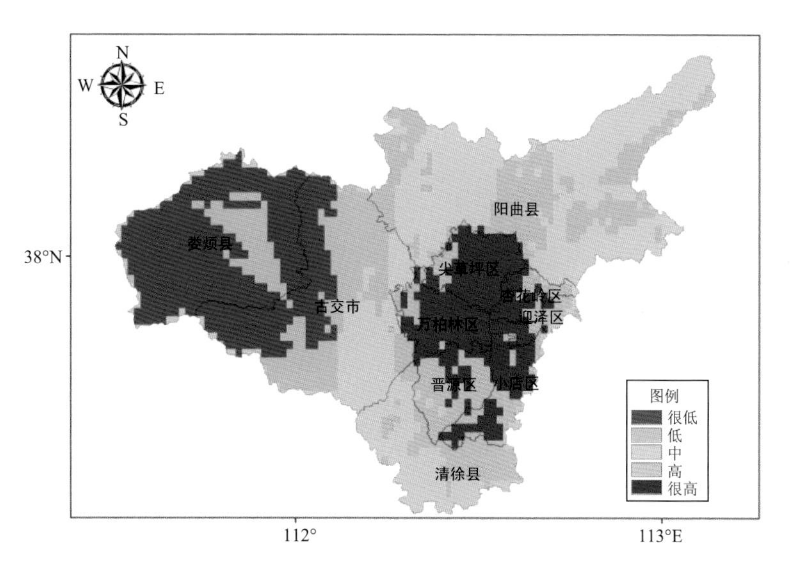

图 3-10　太原市暴雨灾害综合风险区划图

图 3-11　二青会太原赛区比赛场馆分布图

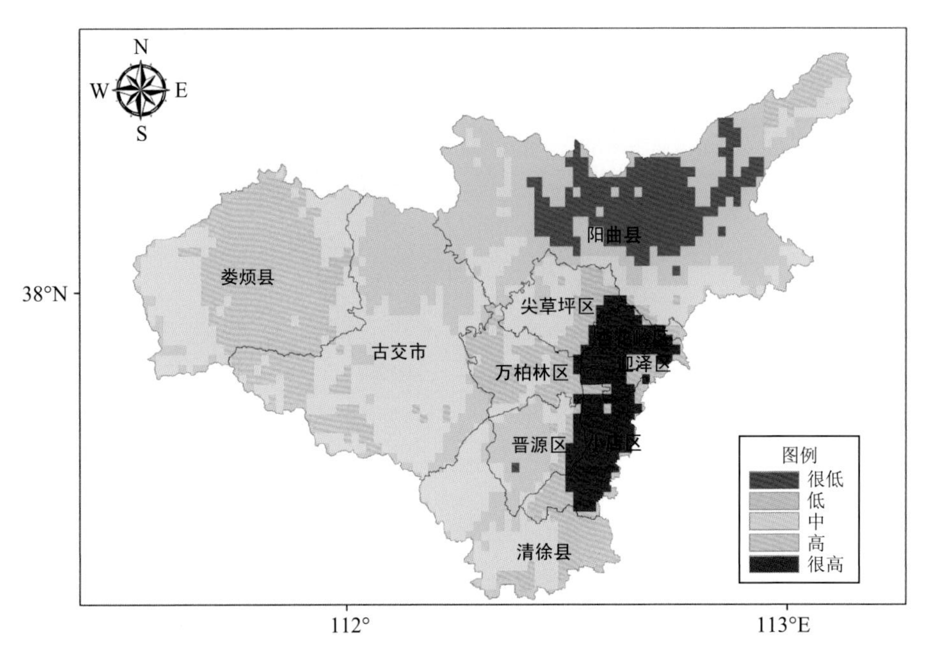

图 4-10　太原市短时强降水灾害综合风险区划图

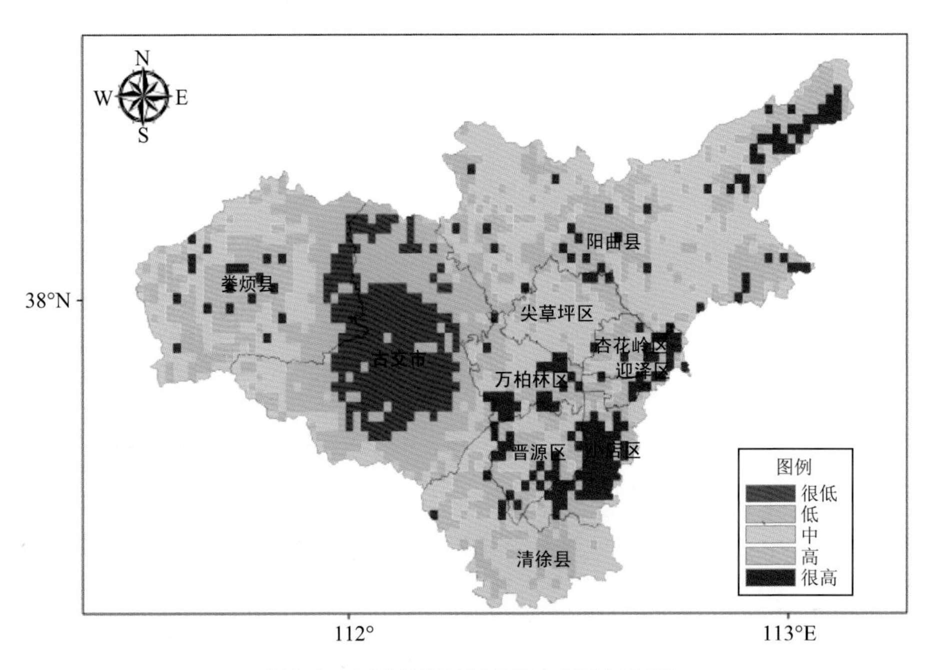

图 5-8　太原市雷暴灾害综合风险区划图

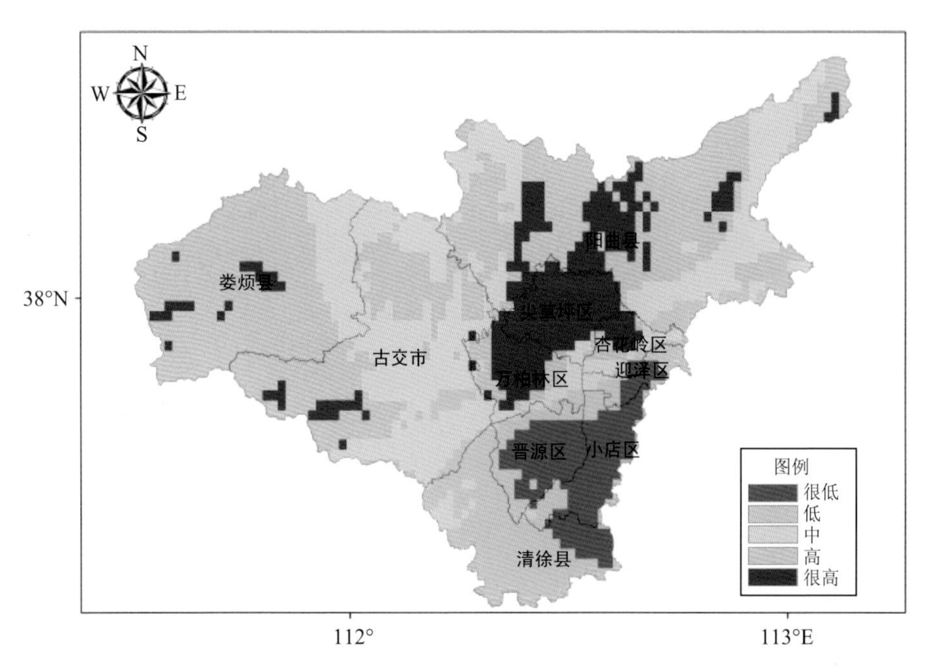

图 6-7　太原市冰雹灾害综合风险区划图

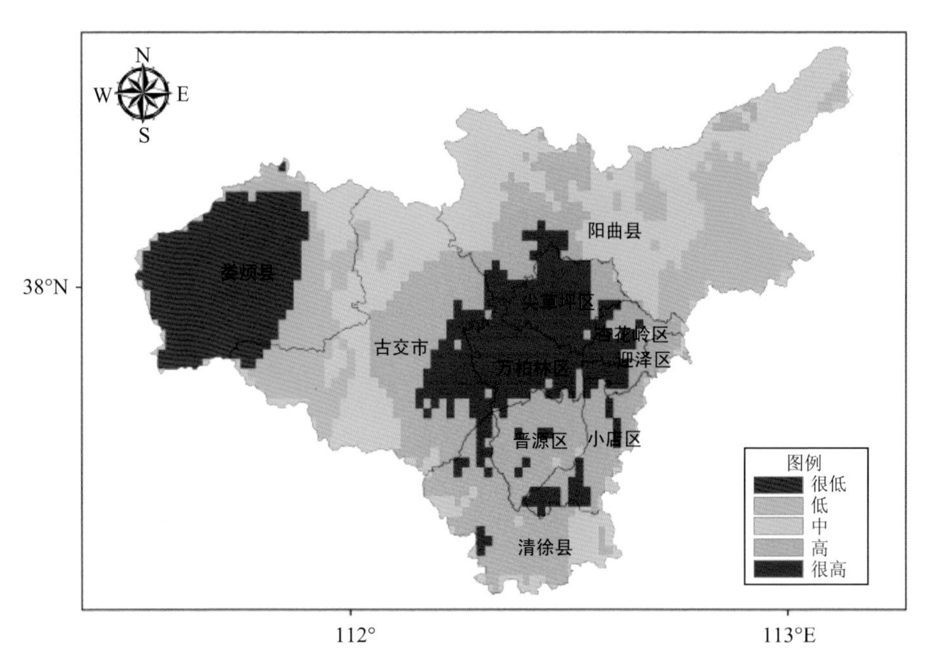

图 7-9　太原市高温灾害综合风险区划图

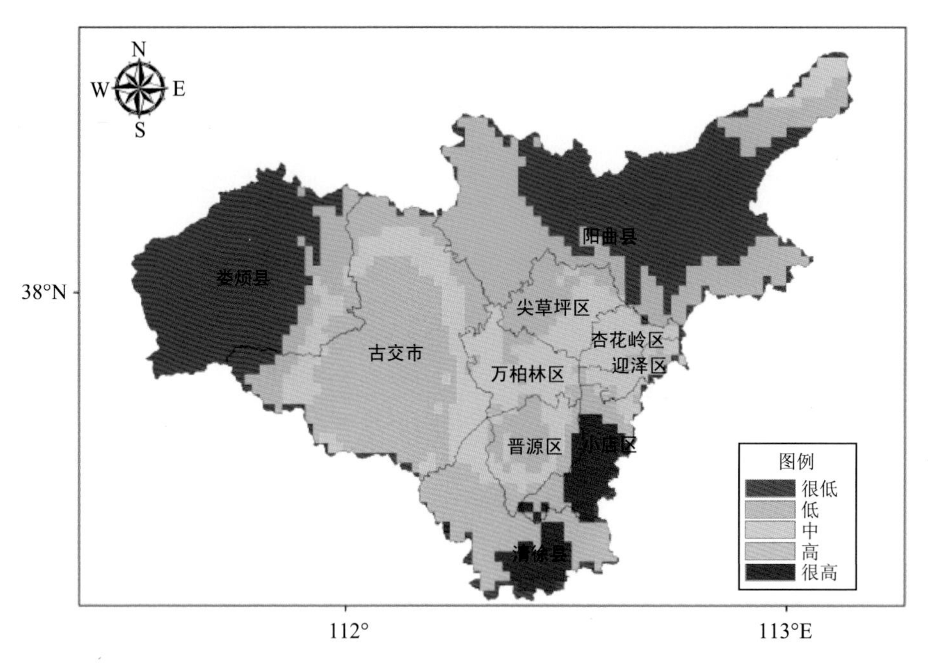

图 8-8　太原市大风灾害综合风险区划图

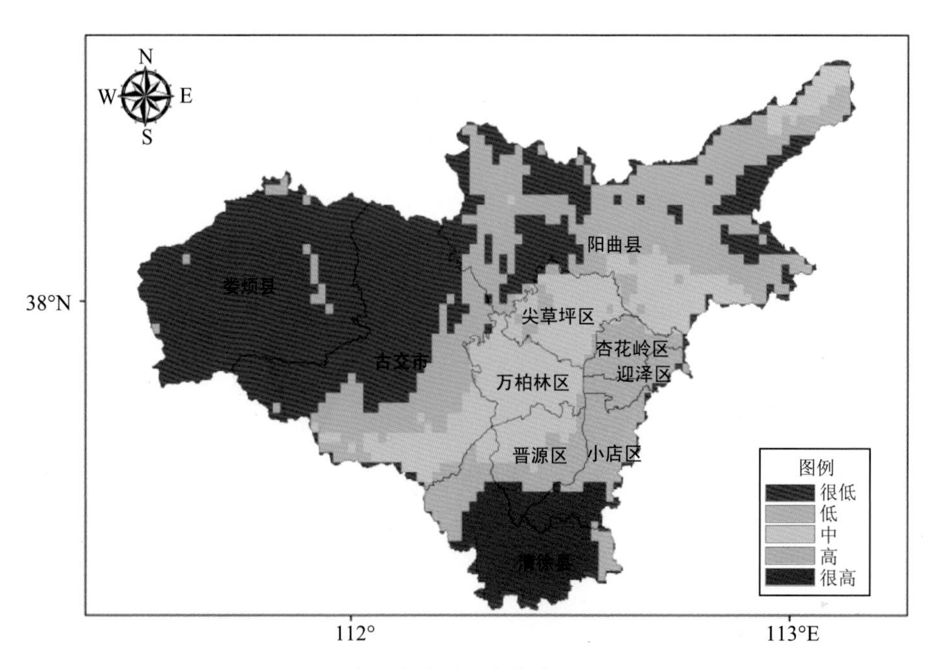

图 9-8　太原市大雾灾害综合风险区划图